Introdução à Programação e aos Algoritmos

O GEN | Grupo Editorial Nacional – maior plataforma editorial brasileira no segmento científico, técnico e profissional – publica conteúdos nas áreas de ciências exatas, humanas, jurídicas, da saúde e sociais aplicadas, além de prover serviços direcionados à educação continuada e à preparação para concursos.

As editoras que integram o GEN, das mais respeitadas no mercado editorial, construíram catálogos inigualáveis, com obras decisivas para a formação acadêmica e o aperfeiçoamento de várias gerações de profissionais e estudantes, tendo se tornado sinônimo de qualidade e seriedade.

A missão do GEN e dos núcleos de conteúdo que o compõem é prover a melhor informação científica e distribuí-la de maneira flexível e conveniente, a preços justos, gerando benefícios e servindo a autores, docentes, livreiros, funcionários, colaboradores e acionistas.

Nosso comportamento ético incondicional e nossa responsabilidade social e ambiental são reforçados pela natureza educacional de nossa atividade e dão sustentabilidade ao crescimento contínuo e à rentabilidade do grupo.

Introdução à Programação e aos Algoritmos

João Araujo Ribeiro
Professor associado da Universidade do Estado do Rio de Janeiro (UERJ)
Doutor em Computação pela
Université de Versailles Saint-Quentin-en-Yvelines (UVSQ), França
Mestre em Engenharia Elétrica pela
Universidade Federal do Rio de Janeiro (UFRJ)
Graduado em Engenharia Eletrônica pela
Universidade Federal do Rio de Janeiro (UFRJ)

O autor e a editora empenharam-se para citar adequadamente e dar o devido crédito a todos os detentores dos direitos autorais de qualquer material utilizado neste livro, dispondo-se a possíveis acertos caso, inadvertidamente, a identificação de algum deles tenha sido omitida.

Não é responsabilidade da editora nem do autor a ocorrência de eventuais perdas ou danos a pessoas ou bens que tenham origem no uso desta publicação.

Apesar dos melhores esforços do autor, do editor e dos revisores, é inevitável que surjam erros no texto. Assim, são bem-vindas as comunicações de usuários sobre correções ou sugestões referentes ao conteúdo ou ao nível pedagógico que auxiliem o aprimoramento de edições futuras. Os comentários dos leitores podem ser encaminhados à **LTC — Livros Técnicos e Científicos Editora** pelo e-mail faleconosco@grupogen.com.br.

Direitos exclusivos para a língua portuguesa
Copyright © 2019 by
LTC — Livros Técnicos e Científicos Editora Ltda.
Uma editora integrante do GEN | Grupo Editorial Nacional

Reservados todos os direitos. É proibida a duplicação ou reprodução deste volume, no todo ou em parte, sob quaisquer formas ou por quaisquer meios (eletrônico, mecânico, gravação, fotocópia, distribuição na internet ou outros), sem permissão expressa da editora.

Travessa do Ouvidor, 11
Rio de Janeiro, RJ – CEP 20040-040
Tels.: 21-3543-0770 / 11-5080-0770
Fax: 21-3543-0896
faleconosco@grupogen.com.br
www.grupogen.com.br

Designer de capa: Design Monnerat

Editoração Eletrônica: Anthares

CIP-BRASIL. CATALOGAÇÃO NA PUBLICAÇÃO
SINDICATO NACIONAL DOS EDITORES DE LIVROS, RJ.

R369i

Ribeiro, João Araujo
Introdução à programação e aos algoritmos / João Araujo Ribeiro. - 1. ed. - Rio de Janeiro : LTC, 2019.
; 24 cm.

Inclui bibliografia e índice
ISBN 978-85-216-3626-7

1. Programação (Computadores). 2. Algoritmos. I. Título.

19-56814   CDD: 005.1
                            CDU: 004.42

Vanessa Mafra Xavier Salgado - Bibliotecária - CRB-7/6644

Prefácio

"Vivemos em uma sociedade intensamente dependente da ciência e da tecnologia, em que quase ninguém sabe algo sobre ciência e tecnologia." Carl Sagan, astrônomo

A frase acima foi dita pelo famoso astrônomo **Carl Sagan** (1934-1996) em uma de suas últimas entrevistas. Podemos perceber que essa afirmação se torna cada vez mais verdadeira nos tempos atuais, quando sentimos a tecnologia nos engolir desde o momento em que acordamos. Você pode ignorar todos os detalhes tecnológicos que permeiam sua vida e viver feliz na sua ignorância, mas esta atitude tem riscos. Outros vão saber como controlar essa tecnologia, e se você não tiver um conhecimento mínimo sobre ela, ficará alijado de decisões que afetarão o seu dia a dia. Será um usuário, simplesmente, e o mundo funcionará sem que você compreenda como nem por quê. Este livro procura preencher a lacuna de conhecimento sobre uma tecnologia que nos absorve cada vez mais: os computadores.

Diversos aparelhos do seu dia a dia usam computadores. Alguns vão usar versões simplificadas dessas máquinas, mas mesmo assim serão computadores. Seu despertador, por exemplo, se não for mecânico, possui um nível básico de computação que permite que seja programado para despertá-lo na hora certa. Se você usa um *smartphone*, este possui mais poder computacional que os computadores que levaram o homem à Lua em 1969. Hoje em dia, qualquer aparelho doméstico, por mais simples que seja, pode possuir um minúsculo exemplo de computador. Carro, torradeira, geladeira, fogão, televisão e o que você possa imaginar são exemplos de tecnologia computacional.

Mas como tudo isso funciona? Qual a mágica, se é que existe mágica, que permite que esses aparelhos executem suas tarefas de maneira aparentemente inteligente? Como são programados para atender às nossas necessidades? Neste livro tento responder essas e muitas outras perguntas, além de mostrar a evolução dos sistemas computacionais e como chegamos aqui.

Pensei o livro como uma introdução à programação, voltado para qualquer um que tenha curiosidade sobre essa matéria, mas com especial atenção ao currículo do primeiro ano dos cursos universitários da área tecnológica. O objetivo é que, ao final, o leitor seja capaz de criar programas adequados à sua área de atuação, seja Engenharia, Informática, Matemática etc. Mas se você for de Biologia, Medicina, Letras; tiver um conhecimento básico de Matemática e for capaz de pensar logicamente, este livro também poderá ensinar muita coisa a você.

Prefácio

O livro inicia com uma rápida introdução aos conceitos básicos sobre computadores, e apresenta ao leitor um conhecimento mínimo indispensável para que ele compreenda como essas máquinas funcionam internamente. Você pode pular este capítulo, mas não aconselho. Uma base sólida permite aprender mais rapidamente, e este capítulo é exatamente isso: uma base, um alicerce para construir algo mais robusto e estável.

Depois passo para os conceitos de algoritmos e programação. Neste ponto muitos autores optam por criar uma linguagem algorítmica, próxima ao português, para poder desenvolver esses conceitos. Nunca gostei deste enfoque. Prefiro usar uma linguagem de programação real, que possa ser usada em computadores reais. Os algoritmos não serão abandonados. São muito úteis e é mesmo essencial pensar antes um algoritmo para depois passar para a linguagem de programação, porém, sempre que possível apresentarei o algoritmo e sua versão em uma linguagem de programação efetiva, para que o leitor possa escrever o programa em um computador real e ver o resultado.

Programar se aprende com a prática. Uma interessante analogia que podemos fazer é entre a programação de computadores e a *culinária*.

Imagine que você queira se tornar um cozinheiro. Você ainda não sabe nada sobre cozinha, mas tem esse forte desejo. Quais são seus objetivos? Se quer apenas preparar um almoço de fim de semana para sua família, você pode pegar uma receita de um prato que todos gostem e tentar replicar os passos. Por mais detalhadas que sejam as instruções da receita, alguns detalhes podem depender de sua experiência na cozinha, e você, por enquanto, não tem nenhuma. Para se tornar um bom cozinheiro você deve entender as bases da cozinha, sua teoria, como os alimentos podem ser combinados etc.

Aprender a cozinhar exige uma mistura de prática com teoria. Não adianta estudar centenas de livros de culinária se você não vai para a cozinha testar esses conhecimentos. Não se pode ser um cozinheiro teórico. Cozinhar exige prática. Também não adianta ir para a cozinha sem nenhum conhecimento prévio. Você pode até se tornar um grande cozinheiro, mas vai levar muito tempo para descobrir por tentativa e erro algumas coisas que outros já sabem há séculos. Isaac Newton dizia que pôde ver mais longe porque estava montado em ombros de gigantes. Devemos, portanto, aproveitar o conhecimento prévio para podermos avançar mais longe e mais rápido.

Programar funciona da mesma maneira. Não adianta ler livros de teoria, estudar programas escritos por outros, se você não põe a *mão na massa*, ou seja, se você não programa.

A vantagem de programar para aprender é ter um *feedback* instantâneo. Você pode ver o erro e aprender com o erro, assim que acabar de escrever o seu programa.

Para programar um computador você precisa aprender uma **linguagem de programação**. Sim, o computador tem sua própria linguagem. Você não pode programar em português. Mas, para nossa felicidade, as linguagens de programação são bem simples, com poucas palavras e uma sintaxe restrita. Diversas linguagens se prestam ao primeiro contato com a programação. Uma característica desejável é que seja de simples aprendizado, com uma sintaxe simples, porém eficiente.

Assim, considero que a linguagem mais adequada para um primeiro contato com os algoritmos e a programação seja a linguagem **Python**.

Python é uma linguagem simples e de fácil aprendizado, mesmo para iniciantes na programação de computadores. Portanto, usarei o básico de Python, sem entrar em detalhes de sintaxe, que poderiam desviar o foco do aprendizado de conceitos de programação. Assim, os programas serão de simples entendimento, mesmo para aqueles que nunca viram um programa antes, bastando um conhecimento básico do inglês, pois Python, como quase todas as linguagens de programação, é baseado na língua inglesa.

O conhecimento não surge da noite para o dia. Ninguém acorda um dia e inventa o computador. Somos resultado de milhares de anos de evolução do conhecimento, da criação do gênio de milhares de homens e mulheres, cada um contribuindo para nosso avanço. No decorrer do livro, apresentarei alguns personagens importantes desta grande aventura humana da criação e da programação dos computadores. Essas pessoas merecem nosso respeito, nossa admiração e nossa memória.

Sumário

1 Introdução aos Computadores, 1

1.1 Sistemas de Numeração, 1

1.2 Números Binários, 5

1.3 Octal e Hexadecimal, 9

1.4 Kilo e Kibi, 12

1.5 Binário Sinalizado, 14
    1.5.1 Sinal/valor, 14
    1.5.2 Excesso–N, 15
    1.5.3 Complemento a 1, 15
    1.5.4 Complemento a 2, 16

1.6 Números Reais, 18

1.7 Representação de Letras e Símbolos, 22

1.8 Sistemas de Computação, 24

1.9 Hardware, 25
    1.9.1 Entrada e Saída, 27
    1.9.2 CPU, 28
    1.9.3 Memória, 28

1.10 Software, 30

1.11 Compilada ou Interpretada, 32

1.12 Sistema Operacional, 35

Observações Finais, 36

2 Bases da Programação, 37

2.1 Linguagem de Programação, 38

2.2 Algoritmos, 40

2.3 Um Algoritmo Computacional Simples, 43

2.4 Fluxogramas, 46

2.5 Pseudocódigo, 49

Sumário

2.6 Identificadores, 49
    2.6.1 Identificadores em Python, 54

2.7 Dados, 57
    2.7.1 Dados Numéricos, 57
    2.7.2 Grandes Inteiros em Python, 60
    2.7.3 Números com Ponto Flutuante, 63
    2.7.4 Dados Não Numéricos, 66

2.8 Tipos de Variáveis, 70
    2.8.1 Tipos Definidos pelo Usuário, 71

2.9 Constantes, 71

2.10 Um Algoritmo Computacional Melhorado, 73

2.11 Observações Finais, 76

3 Programação Estruturada, 77

3.1 Blocos de Construção de um Programa, 77
    3.1.1 Sequência, 80
    3.1.2 Seleção, 80
    3.1.3 Iteração, 82

3.2 Tomando uma Decisão, 82

3.3 Testes em Sequência, 86

3.4 Condições Compostas, 88

3.5 Estruturas de Repetição, 92

3.6 Laços Contados, 96

3.7 Observações Finais, 98

4 Subalgoritmos, 99

4.1 Fluxo de Execução, 99

4.2 Módulos de Python, 103

4.3 Funções, 107
    4.3.1 Funções sem Retorno de Resultados, 108
    4.3.2 Funções com Retorno de Resultados, 111

4.4 Funções que Retornam Mais de um Resultado, 113

4.5 Passagem de Parâmetros, 122
    4.5.1 Passagem por Valor ou Referência? Nenhuma das Duas, 124

4.6 Global ou Local, 126

4.7 Tente Outra Vez, 129

4.8 Observações Finais, 132

5 Organizando a Informação, 133

5.1 Sequências de Dados, 134

5.2 Listas em Python, 137

5.3 Processando uma Lista, 142

5.4 Listas por Compreensão, 147

5.5 Somando e Multiplicando Listas, 149

5.6 Extraindo Sublistas, 151

5.7 Operações em Listas, 155

5.8 Clonando Listas, 160

5.9 Listas como Parâmetros, 162

5.10 Matrizes, 162

5.11 Listas de Listas, 163

5.12 Dicionários, 166

5.13 Tuplas, 169

5.14 NumPy, 172

5.15 Observações Finais, 175

6 Cadeias de Caracteres e Arquivos, 176

6.1 *Strings*, 177

    6.1.1 *Strings* São Imutáveis, 179

6.2 Fatiando *Strings*, 181

6.3 Operações sobre *Strings*, 182

6.4 Arquivos, 185

6.5 Escrevendo em Arquivos, 189

6.6 Observações Finais, 190

7 Recursão, 192

7.1 Fila de Programadores Míopes, 192

7.2 Cálculo Recursivo para Tamanho de Lista, 194

7.3 Modelo de Execução, 195

7.4 Coelhos de Fibonacci, 198

7.5 Eficiência da Recursão, 201

7.6 Observações Finais, 203

Sumário

8 Ordenando Coisas, 204

8.1 Ordenando uma Lista, 204

8.1.1 Sentinela, 208

8.2 Ordenação por Inserção, 211

8.3 Observações Finais, 213

9 Um Pouco de Estilo, 214

9.1 Pense Antes de Programar, 214

9.2 Preocupe-se com Seu Leitor, 216

9.3 Seja Simples, 218

9.4 Seja Desapegado, 219

9.5 Teste Seu Programa, 220

9.6 Observações Finais, 220

Apêndice – Instalação de Python, 223

A.1 Instalação no Windows, 223

A.2 Instalação no Linux/Ubuntu, 224

Bibliografia, 225

Livros, 225

Artigos, 225

Índice, 226

Material Suplementar

Este livro conta com o seguinte material suplementar:

- Ilustrações da obra em formato de apresentação em (.pdf) (restrito a docentes).

O acesso aos materiais suplementares é gratuito. Basta que o leitor se cadastre em nosso *site* (www.grupogen.com.br), faça seu *login* e clique em GEN-IO, no menu superior do lado direito. É rápido e fácil.

Caso haja alguma mudança no sistema ou dificuldade de acesso, entre em contato conosco (gendigital@grupogen.com.br).

GEN-IO (GEN | Informação Online) é o ambiente virtual de aprendizagem do GEN | Grupo Editorial Nacional, maior conglomerado brasileiro de editoras do ramo científico-técnico-profissional, composto por Guanabara Koogan, Santos, Roca, AC Farmacêutica, Forense, Método, Atlas, LTC, E.P.U. e Forense Universitária. Os materiais suplementares ficam disponíveis para acesso durante a vigência das edições atuais dos livros a que eles correspondem.

Introdução aos Computadores

"Não há nenhuma razão para qualquer indivíduo ter um computador em casa." Ken Olsen, fundador da Digital Equipment Corporation, em 1977.

O mundo da Computação evoluiu muito rapidamente. Até mesmo pessoas experientes como Ken Olsen puderam se enganar sobre o que o futuro reservava para a tecnologia que na época ainda era reservada às empresas e ao governo. Hoje em dia, praticamente todos têm um computador em casa. Difícil imaginar a vida sem ele. É bom começarmos a entender como um computador funciona.

Neste capítulo apresento as bases do funcionamento de um computador e de sua programação. Não que seja absolutamente necessário entender todos os detalhes técnicos dos computadores para poder programá-los, mas é bom conhecê-los nem que seja minimamente. Saber certos detalhes irá ajudar você a entender os limites da máquina, o que ela pode e não pode fazer e o que você pode obter da programação.

1.1 SISTEMAS DE NUMERAÇÃO

Uma das coisas que um computador sabe fazer bem é contar números inteiros; que conta rapidamente e de maneira precisa. Mas como o computador faz essa contagem? Como representa quantidades? Precisamos antes pensar em como nós mesmos contamos, em como representamos as quantidades. Isso é valioso para entender como criar uma máquina que conta. Vou mostrar-lhe aqui alguns detalhes óbvios para depois chegar ao mundo dos computadores.

Não é novidade para ninguém que temos dez símbolos para representar números. Os símbolos são **0, 1, 2, 3, 4, 5, 6, 7, 8** e **9**. São chamados de **algarismos indo-arábicos**, por causa de sua origem na Índia e depois difusão a partir da região da península arábica. Mas, depois de contar até nove, como fazemos? Temos de repetir os símbolos, usando, porém, um truque de posicionamento: convencionamos que os símbolos colocados à esquerda de outro símbolo têm seu valor multiplicado por dez.

Capítulo 1

Usamos, neste caso, uma **notação posicional** de **base dez**, ou seja, usamos a **base decimal**. Possivelmente, essa notação surgiu por uma questão prática. Temos dez dedos nas mãos e a palavra "**dígito**", que designa cada um desses elementos, vem do latim e quer dizer "dedo". Contar até dez é uma consequência lógica disto. A notação posicional pode parecer bem evidente, mas lembremos de que os romanos usavam uma notação de números que não facilitava em nada a aritmética. Tente multiplicar X por II em romanos!

O que para nós hoje em dia é óbvio, na antiguidade não era tão comum, e mesmo algo tão evidente quanto um símbolo para zero só apareceu no mundo ocidental na Idade Média.

Na notação posicional de base dez, cada algarismo à esquerda vale dez vezes mais que seu companheiro à direita. Assim, quando escrevemos o número

5532

é o mesmo que

$5 \times 10^3 + 5 \times 10^2 + 3 \times 10^1 + 2 \times 10^0$

ou

$5 \times 1000 + 5 \times 100 + 3 \times 10 + 2 \times 1$

finalmente,

$5000 + 500 + 30 + 2$

Note que um mesmo algarismo pode ter diferentes valores, dependendo de sua posição dentro do número. No caso, o 5 tanto pode representar 5000 quanto 500. Perceba que o dígito mais à direita é o dígito com menor valor relativo no número representado, por isso é chamado de **dígito menos significativo**. Da mesma forma, o dígito mais à esquerda é o dígito de maior valor relativo e é assim chamado de **dígito mais significativo** do número.

Mas, seria esta a única forma de numerar? Conseguimos obviamente escrever qualquer número com esses dez símbolos, contudo há outras bases de numeração possíveis.

Por exemplo, os povos mesopotâmicos usavam a base sessenta, a chamada **base sexagesimal**. Não é uma base de numeração muito prática. Decorar dez símbolos é relativamente fácil para uma criança, mas sessenta é bastante difícil, até mesmo para um adulto. Talvez por isso é que os antigos mesopotâmicos usavam uma combinação de dez símbolos para representar seus números (Figura 1.1).

Por incrível que pareça, continuamos usando esta base até hoje. Observe o seu relógio. Os segundos vão de 0 a 59. O sistema de horas ainda usa a base 60. Quando você representa determinada hora do dia, como 17 horas 12 minutos e 35 segundos, escrita assim:

17h:12min:35s,

na realidade você está dizendo que se passaram

Introdução aos Computadores

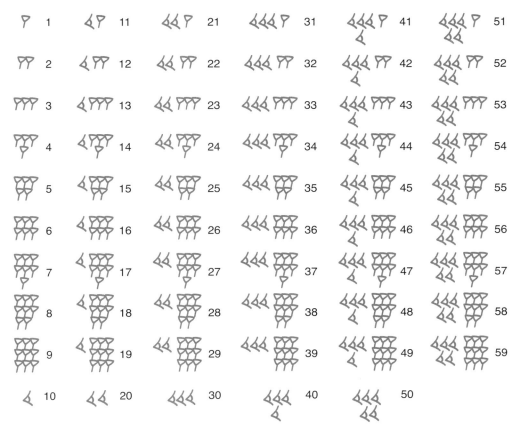

Figura 1.1 Algarismos da base sexagesimal dos mesopotâmios. Note a ausência de representação para zero. Fonte: Adaptada de Josell7 | Wikimedia Commons.

$17 \times 60^2 + 12 \times 60^1 + 35 \times 60^0$

$= 17 \times 3600 + 12 \times 60 + 35 \times 1$

$= 61200 + 720 + 35$

$= 61955$

segundo\s após a meia-noite.

A base sexagesimal tem algumas vantagens em relação à base decimal. Enquanto 10 é divisível apenas por 1, 2 e 5, o número 60 é divisível por 1, 2, 3, 4, 5, 6, 10, 12, 15, 20 e 30. O que isso significa? Que as divisões na base 60 têm mais resultados inteiros.

De fato, para registro de quantidades, qualquer base numérica a partir de 2 pode ser utilizada. A fórmula geral de qualquer base é:

$$x = d_{n-1} \times b^{n-1} + d_{n-2} \times b^{n-2} + ... + d_1 \times b^1 + d_0 \times b^0 \qquad \text{Eq. 1.1}$$

na qual *d* é o dígito do número, *n* é o número de dígitos inteiros e *b* é a base que estamos usando.

Capítulo 1

Vamos analisar como se faz uma operação simples em uma base de numeração. Nosso objetivo é apenas apresentar o conceito usado, e não nos aprofundarmos na matemática das operações. Diante disto, a adição serve como exemplo.

Como é feita uma soma em uma base numérica qualquer? Vejamos como fazemos para a nossa base mais conhecida, a base 10. Sempre que acrescentamos 1, passamos para o próximo símbolo. Quando chegamos ao último símbolo, no caso o 9, usamos o truque de dizer "*dá zero e vai um*", ou seja, 10. No caso da base decimal, este é o número dez. Depois continuamos indefinidamente com esta mesma lógica para alcançar 11, 12, 13 ... 19, 20, 21... até o infinito.

Uma forma de pensar a aritmética em uma base de numeração é imaginar os dígitos representados em um relógio. Esta é a base da chamada "**aritmética do relógio**" (Figura 1.2). Pense em um relógio com tantas divisões quantos forem os símbolos em uma base de numeração. Com a base decimal teríamos 10 divisões. Cada vez que somamos "1", o ponteiro do relógio avança uma posição. Quando este chega ao último símbolo e somamos "1", o ponteiro retorna ao elemento inicial.

Podemos usar qualquer base numérica para fazer cálculos, basta seguirmos a mesma regra: contamos com os símbolos da base e quando acrescentamos ao último símbolo, fazemos o "dá zero e vai um". Por exemplo, se eu usasse a base 3, poderia ter 3 símbolos para fazer minha aritmética: 0, 1 e 2. Assim, depois de "2" viria o "10", que representaria o equivalente três da base decimal.

EXERCÍCIO 1.1

Se a espécie humana tivesse evoluído para ter 8 dedos, como estaríamos escrevendo os seguintes números?
a) 12
b) 100
c) 1234

EXERCÍCIO 1.2

E se tivéssemos 12 dedos? Use A e B como símbolos extras para escrever os números na nova base.
a) 12
b) 100
c) 1234

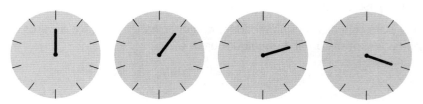

Figura 1.2 0123 na base decimal.

Introdução aos Computadores

1.2 NÚMEROS BINÁRIOS

> "_Existem 10 tipos de pessoas no mundo, as que entendem binários, e as que não entendem binários._" Autor desconhecido.

Agora que já entendemos como funciona a notação posicional para representar números, temos de pensar em como colocar uma base numérica dentro de uma máquina eletrônica, para que esta possa fazer cálculos.

Por sua necessidade de 60 símbolos, a base sexagesimal é muito complexa para ser implementada por um computador. Mas a base decimal tem o mesmo problema. Não é fácil representar a base dez em computadores. Precisaríamos de dez estados de alguma grandeza física para representar cada valor. A maior dificuldade, porém, não está nem na escolha de uma grandeza física com 10 valores diferentes; existem diversas opções que poderiam ser escolhidas. A maior dificuldade está em como diferenciar um valor da grandeza de outro. No caso da base 10, nossas máquinas computacionais teriam de ser capazes de diferenciar dez valores, de forma precisa, para poder fazer suas operações.

Assim, o mais simples é usar a menor base possível, e a mais simples é aquela que necessita de apenas dois símbolos: 0 e 1.

Os valores de zero e um podem ser representados facilmente. Note que neste caso, para nossa máquina computacional diferenciar os números 0 e 1, basta saber diferenciar o fato de algo existir ou não.

Diferentemente do que muitos pensam, o conceito de binário não está em comparar coisas opostas, mas na existência ou não de uma condição. Podemos usar os estados _ligado_ e _não ligado_, _aceso_ e _não aceso_, _tem corrente_ e _não tem corrente_. Qualquer coisa cuja _existência_ ou _não existência_ possa ser detectada pode ser usada para representar números nesta base, a chamada **base binária**.

Normalmente, associamos o valor 1 à existência da grandeza. Assim, se usarmos a grandeza da corrente elétrica, se houver um fluxo de corrente, o valor associado será 1; se não houver, o valor será 0. Isso é apenas uma convenção. Nada impede de fazermos a associação contrária, ou seja, quando houver corrente será 0 e quando não houver, será 1. Os resultados não se alterariam por esta mudança de convenção. A única regra é que a associação entre a grandeza e o valor 0 e 1 seja sempre a mesma na nossa máquina computacional.

É muito fácil fazer contas na base binária. Vamos de novo usar a operação da adição, como feito na seção anterior. Como tem apenas dois símbolos, _zero_ mais _um_ "dá" _um_ e _um_ mais _um_ "dá" _zero_ e vai _um_.

$$
\begin{array}{cccc}
  &   &   & \text{Vai um} \\
0 & 0 & 1 & 1 \\
+\,0 & +\,1 & +\,0 & +\,1 \quad \text{Dá zero} \\
\hline
0 & 1 & 1 & 10
\end{array}
$$

Capítulo 1

A multiplicação também é muito fácil, como podemos ver a seguir:

$$
\begin{array}{cccc}
0 & 0 & 1 & 1 \\
\times\,0 & \times\,1 & \times\,0 & \times\,1 \\
\hline
0 & 0 & 0 & 1
\end{array}
$$

Um dígito binário é chamado de **bit**, que vem do inglês "**BI**nary digi**T**".

Obviamente, não podemos nos limitar a apenas um dígito. Assim como na base decimal usamos mais dígitos para representar números maiores. No mundo da Computação, blocos de 8 *bits* recebem um nome especial: **byte**.

Fato 1.1 – A palavra *byte*

A palavra **byte** foi criada em 1956 por **Werner Buchholz** enquanto trabalhava no projeto do supercomputador *IBM 7030 Stretch*, o primeiro supercomputador transistorizado. No início, um *byte* não era necessariamente um grupamento de 8 *bits*. Um *byte* podia ter apenas 1 *bit* ou mesmo 48 *bits*. Significava apenas um grupo de dígitos binários. Segundo o criador, a palavra vem de *bite*, mordida em inglês. O uso do *y*, transformando a palavra em *byte* foi para evitar que a palavra viesse a ser confundida com *bit*. Uma opção à palavra *byte* é a palavra octeto, mas esta última não obteve o mesmo sucesso que a palavra original, sendo, entretanto, bastante usada quando se fala de redes de computadores.

Quantos números diferentes podemos representar com 8 *bits*, ou seja, um *byte*? Façamos as contas. Com 1 *bit* temos apenas as possibilidades de 0 e 1, assim conseguimos representar 2 números diferentes. Com 2 *bits* temos as seguintes possibilidades: 00, 01, 10, 11, ou seja, temos 4 possibilidades. Mas o que representam esses números na notação decimal? De acordo com nossa regra de posicionamento (Equação 1.1), cada posição é multiplicada por uma potência da base numérica, no caso da base binária, em potências de 2. Assim temos,

$$00 = 0 \times 2^1 + 0 \times 2^0 = 0 \times 2 + 0 \times 1 = 0 + 0 = 0$$

$$01 = 0 \times 2^1 + 1 \times 2^0 = 0 \times 2 + 1 \times 1 = 0 + 1 = 1$$

$$10 = 1 \times 2^1 + 0 \times 2^0 = 1 \times 2 + 0 \times 1 = 2 + 0 = 2$$

$$11 = 1 \times 2^1 + 1 \times 2^0 = 1 \times 2 + 1 \times 1 = 2 + 1 = 3$$

que nos leva à representação de 4 números distintos, de zero a três. Vemos que a quantidade de números distintos que podemos representar com n *bits* é dada por

$$2^n \qquad \text{Eq. 1.2}$$

em que n é o número de *bits* que estamos utilizando. E, se usamos apenas números positivos e zero, os números variam entre zero e o maior inteiro positivo com n *bits*, ou seja

$$2^n - 1 \qquad \text{Eq. 1.3}$$

Introdução aos Computadores

Desse modo, com 2 *bits* podemos representar $2^2 = 4$ números, que variam entre 0 e $2^2 - 1 = 3$.

Quantos números distintos podemos representar com 8 *bits*? Qual o maior número representado? Aplicando as equações 1.2 e 1.3, obtemos 256 e 255, respectivamente.

Com um *byte* teremos os seguintes valores para cada posição dos *bits*:

Posição	7	6	5	4	3	2	1	0
Valor	128	64	32	16	8	4	2	1

Por exemplo, para representar o número 215 na base binária, temos de escolher os *bits* que devem ser iguais a 1 e que forneçam como soma de seus valores, de acordo com o seu posicionamento, o valor 215. Começamos com o *bit* 7, cujo valor é 128, e colocamos em 1. O *bit* seguinte é o *bit* 6, de valor 64. Vemos que 128 + 64 = 192, ainda abaixo de 215, então o *bit* 6 também deve ser igual a 1. Continuamos o processo com o *bit* 5, de valor 32, e obtemos 192 + 32 = 224. Com o *bit* 5 ultrapassamos nossa meta de 215, então o *bit* 5 deve ficar em 0. Tentamos o próximo, o *bit* 4, de valor 16, que implica 192 + 16 = 208. Assim o *bit* 4 deve ser igual a 1. O *bit* 3, faz a soma 208 + 8 = 216, estourando de novo nossa meta, ou seja, o *bit* 3 deve ser 0. Com o *bit* 2, temos 208 + 4 = 212, que deve ficar em 1. Utilizamos agora o *bit* 1, com valor 2, 212 + 2 = 214, e concluímos que o *bit* 1 será 1. Finalmente, com o *bit* 0, temos 214 + 1 = 215. Desta forma fechamos nossas contas com o *bit* 0 igual a 1. Resumindo tudo, temos

Bit	1	1	0	1	0	1	1	1
Posição	7	6	5	4	3	2	1	0
Valor	128	64	32	16	8	4	2	1

A representação de **215**$_{10}$ na base binária é igual a **11010111**$_2$.

Uma maneira prática de fazer esta conversão é usar divisões sucessivas por 2 e o resto de cada passo. Com o mesmo 215, faríamos:

$$
\begin{aligned}
215 \div 2 &= 107 \text{ resta } 1 \\
107 \div 2 &= 53 \text{ resta } 1 \\
53 \div 2 &= 26 \text{ resta } 1 \\
26 \div 2 &= 13 \text{ resta } 0 \\
13 \div 2 &= 6 \text{ resta } 1 \\
6 \div 2 &= 3 \text{ resta } 0 \\
3 \div 2 &= 1 \text{ resta } 1 \\
1 \div 2 &= 0 \text{ resta } 1
\end{aligned}
$$

Usando os restos, de baixo para cima, obtemos o resultado correto.

A conta inversa pode ser feita para descobrir o número da base dez representado por um número binário.

Capítulo 1

Deste modo, sempre usando um *byte*, o número na base binária **00110100** = 0 + 0 + 32 + 16 + 0 + 4 + 0 + 0 = 52. A convenção usada é numerar os dígitos binários da direita para a esquerda, começando com zero. Assim, em um *byte*, o *bit* menos significativo é o *bit* **0** e o mais significativo é o *bit* **7**. Generalizando, o *bit* mais significativo em uma sequência de n *bits* é o *bit* de ordem n − 1, ou seja, o mais à esquerda. A Figura 1.3 apresenta esses *bits*.

Figura 1.3 *Bits* mais e menos significativos.

Se usarmos 4 *bits*, teremos a tabela de conversão entre binário e decimal mostrada na Figura 1.4.

0000	0001	0010	0011	0100	0101	0110	0111	1000	1001	1010	1011	1100	1101	1110	1111
0	1	2	3	4	5	6	7	8	9	10	11	12	13	14	15

Figura 1.4 Tabela de conversão entre binário e decimal sem sinal.

Os computadores não manipulam a informação *bit* a *bit*. Em vez disso, usam blocos de tamanho fixo de *bits*, chamados de palavras, ou *words*, em inglês. Isso vai determinar o tipo de processamento que pode ser feito no computador, ou seja, como o computador irá enxergar a memória e fazer seu processamento. Assim, temos computadores com palavras de 8, 16, 32 e até 64 *bits*.

> **Fato 1.2 – Por que um *byte* tem 8 *bits*?**
>
> Aprendemos certas coisas e nem sempre questionamos por que são como são. Um *byte* tem 8 bits e achamos que sempre foi assim. Mas a história não é tão simples.
> Os primeiros computadores usavam cartões perfurados para a entrada de dados. Em um cartão IBM de 12 linhas e 80 colunas, cada linha possuía os números de 0 a 9 mais os números 11 e 12. Para representar o número 19, por exemplo, se faz um furo no 1 da primeira coluna e outro no 9 da segunda. Os números 12 e 11 servem para os sinais + e −.
> Quando as letras passaram a ser necessárias, foi preciso criar mais 26 codificações diferentes para o alfabeto inglês. Para escrever as letras era usado um furo na faixa 1 a 9 e depois outro para indicar que se tratava de letra: para as letras A até I usava-se um furo no 12; letras J até R, um furo no 11 e letras S até Z, um furo no 0 (mas nesse caso com um furo de 2 até 9). Exceto pelos + e −, não existia nenhum outro símbolo. Mais tarde foram acrescentados outros símbolos para pontuação, com o auxílio de um terceiro furo. Nesse ponto estávamos com 10 dígitos, 26 letras do alfabeto e 11 outros símbolos, totalizando 47 caracteres. Ora, para representar 47 símbolos em binário precisamos de pelo menos 6 *bits*. Com 6 *bits* podemos representar até 64 caracteres. Parecia que um *byte* ia ter 6 *bits*.
> Esta era a época do projeto do computador STRETCH da IBM, e **Bob Bemer (1920-2004)** tinha acabado de entrar na equipe do projeto. A equipe começou a pensar no processamento de textos pelo computador, e a simples adição das 26 letras minúsculas aos 47 caracteres, demandava 73 representações diferentes, número além da capacidade dos 6 *bits*.

Introdução aos Computadores

Foi aí que Bemer propôs que um *byte* tivesse 8 *bits*. Algumas pessoas chegaram a pensar em usar 7 *bits*, mas, se pensarmos bem, não é uma boa opção. O número 7, além de ser ímpar, é primo. Assim, Bemer liderou uma equipe que propôs 8 *bits* para o *byte*. Seu mantra na época era "potências de 2 são mágicas". Interessante saber que o próprio Bemer não gostava do nome *byte*; preferia octeto. Além dessa contribuição histórica à Computação, Bemer também é conhecido como "o pai da codificação ASCII" [BSW61].

EXERCÍCIO 1.3

Quantos números diferentes são possíveis com 10 *bits*? Quais são o menor e o maior valor?

EXERCÍCIO 1.4

Converta os seguintes números decimais em binário usando o menor número de *bits* possível.
a) 1001
b) 256
c) 4095
d) 545

EXERCÍCIO 1.5

Converta os seguintes números binários em decimal.
a) 1101001101
b) 10010010
c) 10000
d) 10001

EXERCÍCIO 1.6

Essa questão é mais filosófica que matemática. Nesta seção afirmei que binário tem mais a ver com a existência ou não de uma grandeza física do que com a comparação de opostos. Assim, *ligado* e *não ligado* é diferente de pensar em *ligado* e *desligado*; *aceso* e *não aceso* é diferente de *aceso* e *apagado*. Na realidade, se quisermos usar *desligado*, o par binário seria *não desligado*; no caso de *apagado*, seria *não apagado*. Pense a respeito.

1.3 OCTAL E HEXADECIMAL

Números binários possuem apenas os dígitos 0 e 1. Quando representamos números maiores, fica fácil se perder com tantos símbolos em sequência. Por exemplo, podemos errar, falhando em um *bit*, ao escrever

Capítulo 1

101010111010001010101010000111.

Um computador não teria problema em compreender e processar este número, mas humanos poderiam ficar confusos ao fazê-lo. Por uma questão de comodidade, preferimos escrever números binários de uma forma mais adaptada ao ser humano. Agrupamos em grupos de 3 ou 4 *bits* para podermos visualizar melhor o conjunto.

Assim, grupos de 3 *bits* formam o que chamamos de **octal**. O nome vem do fato de que 3 *bits* permitem numerar de 0 até 7. Estamos, portanto, usando a base 8. Usando um número em octal, o número binário desta seção seria representado por

25350525207$_8$.

Para chegar a este número, dividimos o número binário original em grupos de 3 *bits*, da direita para a esquerda, e completamos com zero o que faltar no último grupo, de modo a termos também 3 dígitos binários nesse grupo. Assim o número original seria apresentado como

010 101 011 101 000 101 010 101 010 000 111$_2$.

Para não confundir com um número decimal, podemos usar diversas formas de representação. Não existe um padrão. Uma opção é usar um subscrito da base, como temos feito aqui. Outro sistema, usado na linguagem de programação C, é começar o número octal com um zero. Uma terceira solução é usar o subscrito *oct*. O importante é deixar claro para o leitor qual base numérica estamos utilizando.

02530525207 ou **2530525207$_8$** ou **2530525207$_{oct}$**.

A Tabela 1.1 mostra como cada sequência de 3 *bits* é convertida em um dígito octal. Obviamente, sempre podemos usar a base 8 e fazer os cálculos necessários para a conversão, mas é mais fácil converter de forma direta.

Tabela 1.1 Conversão para octal

Binário	000	001	010	011	100	101	110	111
Octal	0	1	2	3	4	5	6	7

Números em **hexadecimal**, ou **hexa**, como por vezes são chamados para encurtar, usam a base **16** e, portanto, agrupam os *bits* em grupos de 4. Da mesma forma que o octal, temos uma maneira simples de converter uma sequência de dígitos binários em hexadecimal. O número 16 é igual a 2 elevado à quarta potência; assim, basta agruparmos os dígitos binários de 4 em 4 e convertermos em hexadecimal. Surge aqui uma complicação: temos apenas 10 símbolos para representar números da base decimal. No caso do octal a solução foi simples, bastou usar os 8 primeiros dígitos da base decimal. Para o caso da numeração hexadecimal, convencionou-se usar as primeiras letras do alfabeto para representar os 6 símbolos restantes, equivalentes de 10 a 15. A Tabela 1.2 mostra essa equivalência entre binário, octal, hexadecimal e decimal. Os 8 primeiros números são iguais entre octais, hexadecimais e decimais.

10

Introdução aos Computadores

Tabela 1.2 Binário, octal, hexadecimal e decimal

Binário	Octal	Hexadecimal	Decimal
0000	0	0	0
0001	1	1	1
0010	2	2	2
0011	3	3	3
0100	4	4	4
0101	5	5	5
0110	6	6	6
0111	7	7	7
1000	10	8	8
1001	11	9	9
1010	12	A	10
1011	13	B	11
1100	14	C	12
1101	15	D	13
1110	16	E	14
1111	17	F	15

Voltando ao nosso exemplo, o número seria dividido em grupos de 4 dígitos

1010 1011 1010 0010 1010 1010 1000 0111$_2$,

dando como resultado o número em hexa

0xABA2AA87, **ABA2AA87**$_{16}$ ou **ABA2AA87**$_{hexa}$.

Note que podemos usar um prefixo **0x** para indicar que o número está na representação hexadecimal. Também não importa se escrevemos um número com letras minúsculas, como em **0xaba2aa87**. Não existe uma forma padrão de representar números em hexa. Escolha a forma que mais lhe agradar e mantenha-se fiel ao formato.

EXERCÍCIO 1.7

Converta os seguintes números binários em octais e hexadecimais.
a) 1101001101
b) 10010010
c) 10000
d) 110001111
e) 1010111011110011

Capítulo 1

EXERCÍCIO 1.8

Converta os seguintes números octais em binários.
a) 71
b) 416
c) 1110
d) 756
e) 1237

EXERCÍCIO 1.9

Converta os seguintes números hexadecimais em binários.
a) 71
b) AB
c) F810
d) 1A
e) AAB0

1.4 KILO E KIBI

Normalmente, em vez de escrever 1000 unidades de alguma coisa, escrevemos k como prefixo, significando 1000, e depois o símbolo da unidade. Assim, 1000 gramas é referenciado como 1 kg, ou seja, 1 quilograma.

No início da Computação, foi observado que 2^{10} (1024) era um valor muito próximo de 10^3, ou seja, mil, e foi adotado o prefixo k também para indicar blocos de 1024 *bits* ou *bytes*, apesar do pequeno erro associado. Deste modo, 1 *kbit* passou a significar 1024 *bits*.

Para o prefixo k, a diferença entre 1024 e 1000 é relativamente pequena, apenas 2,4 %. No entanto, conforme aumentava a capacidade da memória e de disco, outros prefixos se fizeram necessários, e o erro ampliou-se consideravelmente. De fato, 1 mega corresponde a 1 000 × 1 000 = 1 000 000, um milhão, mas 1 024 × 1 024 = 1 048 576, aumentando o erro para mais de 4,8 %. Conforme avançamos para mega, giga, tera, cada prefixo sendo 1000 vezes maior que o anterior, o erro acaba se tornando grande demais para ser ignorado.

Essa forma de abreviar favorece, assim, o surgimento de muita confusão. Um cliente de rede pode considerar que 10 *Mbits*/s significa 10 485 760 *bits* por segundo, enquanto o provedor de internet residencial pode considerar 10 *Mbits*/s como 10 000 000 *bits* por segundo. Neste caso, o provedor fornece uma internet com capacidade quase 5 % menor.

Outro caso comum é você comprar um disco de 500 *gigabytes* que, quando instalado no computador, informa conter apenas 465,7 *gigabytes*. Por que aconteceu isso? A capacidade do disco é de 500 000 000 000 *bytes* e o fabricante, como estratégia

Introdução aos Computadores

de *marketing*, usou o sistema internacional de medidas, associando o prefixo giga como o múltiplo 1 000 000 000. Por outro lado, o seu sistema considera giga como igual 1 073 741 824, gerando a discrepância entre medidas.

Uma maneira de superar esse impasse é adotar uma nova forma de prefixo para os múltiplos de *bits* e *bytes*, distinguindo-os, assim, dos prefixos já usados no sistema internacional de medidas.

Desse modo, em 1999, a Comissão Eletrotécnica Internacional (*International Electrotechnical Commission – IEC*) publicou seu padrão, no qual o prefixo *kibi*, com abreviatura Ki, representa um múltiplo de 1024. Portanto, 1024 *bits* é escrito como 1 *kibit*. A Tabela 1.3 mostra os diversos prefixos e seus respectivos multiplicadores no Sistema Métrico Internacional e no padrão da IEC. Note que o prefixo para *kilo* é abreviado com k minúsculo. É considerado erro usar a letra K maiúscula para representar kilo.

Como já virou cultura falar *megabytes*, *megabits* e todas as outras variantes, não acredito que tão cedo isto mude. Vamos ter de continuar convivendo com a dubiedade dessas expressões.

Tabela 1.3 Prefixos multiplicadores

Sistema Métrico Internacional			Comissão Eletrotécnica Internacional		
Nome	Símbolo	Multiplicador	Nome	Símbolo	Multiplicador binário
quilo	k	10^3	kibi	Ki	2^{10} = 1 024
mega	M	10^6	mebi	Mi	2^{20} = 1 048 576
giga	G	10^9	gibi	Gi	2^{30} = 1 073 741 824
tera	T	10^{12}	tebi	Ti	2^{40} = 1 099 511 627 776
peta	P	10^{15}	pebi	Pi	2^{50} = 1 125 899 906 842 624
exa	E	10^{18}	exbi	Ei	2^{60} = 1 152 921 504 606 846 976
zetta	Z	10^{21}	zebi	Zi	2^{70} = 1 180 591 620 717 411 303 424
yotta	Y	10^{24}	yobi	Yi	2^{80} = 1 208 925 819 614 629 174 706 176

Para abreviar *bit* usamos a letra b minúscula e para abreviar *byte*, usamos a letra B maiúscula. Deste modo, no exemplo do disco anterior, ficaria sem dubiedade se o fabricante anunciasse que o disco tem uma capacidade de 465,7 GiB, *gibibytes* e não *gigabytes*. Fica um pouco diferente falar que vai comprar um disco de 1 *tebibyte*, em vez de *terabyte*, mas seria menos ambíguo.

Fato 1.3 – Origem dos nomes dos prefixos multiplicadores

Os nomes dos prefixos multiplicadores usados na Computação foram tomados do idioma grego. **Kilo** é o único que tem um significado numérico aplicado diretamente e quer dizer *mil*, e seu símbolo *k* deve sempre ser escrito com letra minúscula.

Também em grego, ***mega*** quer dizer grande; ***giga*** significa gigante e ***tera*** é monstro. Para expandir os prefixos já estava ficando difícil imaginar algo maior que monstro; assim, como ***tera*** equivale a 1000^4, ou seja, a quarta potência de 1000, e aproveitando sua proximi-

Capítulo 1

dade fonética com o prefixo grego *tetra*, que quer dizer quatro, passou-se a usar prefixos de potências numéricas de 1000. Assim, o prefixo seguinte é **peta**, que em grego é 5, significando 1000^5. **Exa** vem do grego antigo e representa 6 (1000^6).

Zetta, diferentemente dos outros prefixos, tem origem no latim, e significa sete. Finalmente, **yotta** vem do grego okto, indicando o número oito. O acréscimo da letra *y* serviu para evitar o uso da letra *o* como símbolo, que seria facilmente confundida com zero.

EXERCÍCIO 1.10

Seu provedor de Internet vende as velocidades de 15, 30, 50 e 100 *Mbits*/s. Calcule as velocidades em *MiBits*/s.

EXERCÍCIO 1.11

Você resolve comprar um disco externo para fazer cópia de segurança de seus arquivos. Analisando os arquivos, você percebe que precisa de 1 *TiB* de armazenamento. Qual deve ser o tamanho mínimo do disco que você deve comprar, se o fabricante usa unidades do sistema métrico decimal para comercializar seus produtos?

1.5 BINÁRIO SINALIZADO

Até aqui falamos apenas de números binários inteiros positivos. Para ser realmente útil, nosso sistema de numeração deve também permitir números negativos. Foram criadas diversas formas engenhosas de representar números negativos; vamos analisar algumas dessas formas usadas nos computadores: sinal/valor, excesso–n, complemento a 1 e complemento a 2.

1.5.1 SINAL/VALOR

A forma mais imediata de representar números negativos é usar o *bit* mais significativo para indicar um sinal, 0 representando números positivos e 1 os números negativos. Perdemos nesse caso metade dos números positivos mas ganhamos a possibilidade de representar também números negativos. Desse modo, com um *byte* teríamos os seguintes valores para o maior e o menor inteiro:

$$0\ 1\ 1\ 1\ 1\ 1\ 1\ 1 = +127$$

Bit de sinal

$$1\ 1\ 1\ 1\ 1\ 1\ 1\ 1 = -127$$

Com 4 *bits* obtemos os números positivos e negativos apresentados na Figura 1.5.

Essa forma de representar números com sinal tem um grande problema. Manipular um *bit* de sinal tem um custo na arquitetura dos computadores. Os circuitos

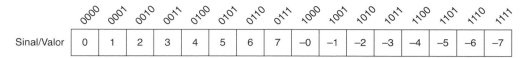

Figura 1.5 Números binários de 4 *bits* em sinal/valor.

necessários para isolar e tratar apenas um *bit* e usá-lo para fazer contas dentro dos dígitos complica bastante o projeto de processadores. Além do mais, acabamos tendo duas representações para o zero: **00000000$_2$** e **10000000$_2$**, que representam **+0** e **−0**, respectivamente.

1.5.2 EXCESSO-N

Nesta codificação é escolhido um número que servirá como polarizador, isto é, vai determinar se um número será negativo ou positivo de acordo com o resultado da soma deste polarizador com o número desejado. Assim, na representação por excesso−127 para 8 *bits*, o número 0_{10} é representado pelo binário 01111111_2. Isto é o resultado da soma de $0_{10} + 127_{10}$. Do mesmo modo, -127_{10} é representado por 00000000_2 e $+128_{10}$ é por 11111111_2.

Como exemplo, veja na Figura 1.6 como ficaria se tivermos 4 *bits* e uma representação por excesso−7.

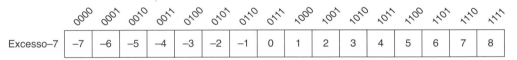

Figura 1.6 Números binários de 4 *bits* em excesso−7.

Observe que, no caso de excesso−7, a representação do número é obtida pela soma do número que se quer representar com o valor 7. Desse modo, pensando apenas em decimais, temos −7 + 7 = 0, −6 + 7 = 1, −5 + 7 = 2, ... , 0 + 7 = 7, 1 + 7 = 8, 8 + 7 = 15.

1.5.3 COMPLEMENTO A 1

O nome complemento a 1 vem do fato de o número negativo ser calculado de acordo com quanto falta para cada dígito chegar a 1, ou seja, o complemento para 1. O complemento de um dígito 0 para 1 é 1 e o de 1 para 1 é 0. Nesta forma de codificação, os números positivos são codificados diretamente e os números negativos são obtidos em duas etapas: primeiro codificamos o número no seu valor absoluto e depois trocamos todos os números 1 por 0 e os números 0 por 1. Para obter o equivalente binário do número -10_{10}, procedemos assim:

Primeiro convertemos o valor absoluto de -10_{10} para binário → 0000 1010

Invertemos os *bits* → 1111 0101

Capítulo 1

Como se pode ver, o processo é bem simples, mas continua com o problema de termos duas representações para zero. Apesar disso, essa representação é melhor que a de sinal/valor, pois simplifica o cálculo com números negativos. Além disso, os circuitos necessários para fazer esses cálculos são relativamente simples. Para 4 *bits* obtemos os números da Figura 1.7 usando a codificação de complemento a 1:

Figura 1.7 Números binários de 4 *bits* em complemento a 1.

1.5.4 COMPLEMENTO A 2

Como na representação com *bit* de sinal, números iniciados com 0, ou seja, números cujo *bit* mais à esquerda é 0, são números positivos e aqueles iniciados com 1 são negativos. Os números positivos são convertidos diretamente de decimal para binário e os números negativos são representados pelo complemento a 2 do número equivalente positivo.

O complemento a 2 de um número binário com n *bits* é definido como o complemento com respeito a 2^n, ou seja, o resultado da subtração desse número de 2^n. Você pode pensar no complemento a dois de um número como o quanto falta para completar 2^n. Vejamos um exemplo para ilustrar esse conceito.

Se você quiser converter o número -10_{10} em seu complemento a dois usando 8 *bits*, você terá de pensar em quanto falta de 10_{10} (seu valor absoluto) para atingir 2^n. A conta é fácil na base decimal: $2^8 - 10 \Rightarrow 256 - 10 = 246$. Isso quer dizer que 246 é a representação em complemento a 2 de **−10**. Lembre-se de que, na nossa representação em complemento a 2, o maior inteiro com 8 *bits* é +127.

Transformando tudo em binário $10_{10} = 00001010_2$ e $-10_{10} = 11110110_2$. Converta 246 em binário para conferir este resultado.

Mas, é óbvio, esse processo é muito trabalhoso para encontrar a representação em complemento a 2 de um número negativo. Existe uma maneira mais fácil que pode ser implementada facilmente com circuitos eletrônicos. A receita é a seguinte: troque cada *bit* 1 por 0 e cada 0 por 1 no número binário original. Em seguida some 1 ao resultado.

Vejamos um exemplo: queremos obter a representação em complemento a 2 de -10_{10}, usando uma representação com 8 *bits*.

Primeiro convertemos 10_{10} para binário	⇒	0000 1010
Invertemos os *bits*	⇒	1111 0101
Somamos 1	⇒	+1
Obtemos −10 em complemento a 2	⇒	1111 0110

Essa representação tem uma vantagem adicional: podemos fazer a subtração somando! Assim, como exemplo, vamos fazer a conta $15 - 10$.

Em binário $15_{10} = 0000\ 1111_2$. Vamos somar este número com a representação binária de $-10_{10} = 1111\ 0110_2$. Fazendo a soma, temos:

$$
\begin{array}{r}
0000\ 1111 \\
+\ 1111\ 0110 \\
\hline
0000\ 0101
\end{array}
$$

que é exatamente 5 em decimal, ou seja, conseguimos simplificar o *hardware* do nosso processador, que deverá apenas somar dois números binários para fazer somas e subtrações. A Figura 1.8 apresenta um exemplo com 4 *bits* para binários em complemento a 2, enquanto a Figura 1.9 resume o resultado dessas codificações para 4 *bits*.

	0000	0001	0010	0011	0100	0101	0110	0111	1000	1001	1010	1011	1100	1101	1110	1111
Compl. a 2	0	1	2	3	4	5	6	7	−8	−7	−6	−5	−4	−3	−2	−1

Figura 1.8 Números binários de 4 *bits* em complemento a 2.

	0000	0001	0010	0011	0100	0101	0110	0111	1000	1001	1010	1011	1100	1101	1110	1111
Sinal/Valor	0	1	2	3	4	5	6	7	−0	−1	−2	−3	−4	−5	−6	−7
Excesso−7	−7	−6	−5	−4	−3	−2	−1	0	1	2	3	4	5	6	7	8
Compl. a 1	0	1	2	3	4	5	6	7	−7	−6	−5	−4	−3	−2	−1	−0
Compl. a 2	0	1	2	3	4	5	6	7	−8	−7	−6	−5	−4	−3	−2	−1

Figura 1.9 Números binários de 4 *bits* em várias representações.

EXERCÍCIO 1.12

Escreva o binário equivalente a −215 em sinal/valor, complemento a 1 e complemento a 2, usando 16 *bits* para a codificação.

EXERCÍCIO 1.13

Escreva o binário equivalente a +215 em sinal/valor, complemento a 1 e complemento a 2, usando 16 *bits* para a codificação.

Capítulo 1

> **EXERCÍCIO 1.14**

> → Escreva o binário equivalente a −215 em excesso−511. Qual o menor n possível para escrever este número? Quantos *bits* são necessários neste caso?

> **EXERCÍCIO 1.15**

> → Escreva os binários equivalentes a 120 e a 8, usando 8 *bits*, e execute a soma desses números binários. Dependendo da representação usada para números inteiros, essa soma vai causar o chamado **transbordamento** (*overflow*). Como interpretar esse resultado de acordo com as representações de números binários negativos?

1.6 NÚMEROS REAIS

Saber representar inteiros em um computador é algo bastante útil, mas não suficiente. Muitas operações são realizadas com números reais. No Brasil usamos a vírgula para separar a parte inteira da decimal, porém em muitos países usa-se o ponto como separador. Assim, o que chamamos no Brasil de vírgula decimal, nesses países é o ponto decimal.

Então, como podemos representar esses números com vírgula (ponto) dentro de um computador para fazer cálculos mais complexos? Expandindo a equação 1.1 para incluir as potências à direita da vírgula, temos:

$$x = d_{n-1} \times b^{n-1} + d_{n-2} \times b^{n-2} + \ldots + d_1 \times b^1 + d_0 \times b^0, d_{-1} \times b^{-1} + d_{-2} \times b^{-2} + \ldots \quad \text{Eq. 1.4}$$

ou seja, usamos as potências negativas da base para criar números com dígitos à direita da vírgula. Um número binário usa potências negativas de 2, desta forma:

$$x = d_{n-1} \times 2^{n-1} + d_{n-2} \times 2^{n-2} + \ldots + d_1 \times 2^1 + d_0 \times 2^0, d_{-1} \times 2^{-1} + d_{-2} \times 2^{-2} + \ldots \quad \text{Eq. 1.5}$$

Nas potências positivas, como visto anteriormente, somamos 1, 2, 4, 8 e assim por diante. No caso de dígitos à direita da vírgula, somamos 1/2, 1/4, 1/8, e assim por diante. Uma maneira prática de descobrir quais dígitos serão 1 e quais serão 0 é usar sucessivas multiplicações. Desse modo, se quisermos transformar $12,375_{10}$ em binário, primeiro pegamos a parte inteira e convertemos em binário. Como já visto, ficaria 1100_2. Agora vamos para a parte à direita da vírgula, 375. Temos que somar potências negativas de 2 para obter este número. Vamos multiplicar por 2 sucessivas vezes. Sempre que o resultado der maior ou igual a 1 damos continuidade às multiplicações com apenas a parte não inteira no passo seguinte:

$0,375 \times 2 = ⓪,750$

$0,750 \times 2 = ①,500 \leftarrow$ usamos apenas o 0,500 no próximo passo.

$0,500 \times 2 = ①,000 \leftarrow$ aqui terminamos, pois a parte decimal é zero.

Usando o resultado da parte à esquerda da vírgula, de cima para baixo, obtemos a sequência de *bit* 011, que na base 2, em potências negativas, significa:

$$0 \times 2^{-1} + 1 \times 2^{-2} + 1 \times 2^{-3} = 0 + 0,250_{10} + 0,125_{10} = 0,375_{10} \qquad \text{Eq. 1.6}$$

Deste modo, o número $12,375_{10}$ seria representado em binário por $1100,011_2$.

A representação de números reais tem suas limitações. Enquanto qualquer número inteiro decimal pode ser representado com dígitos binários, muitas vezes não conseguimos representar precisamente um número real com casas decimais. Um exemplo significativo é simplesmente o número $0,1_{10}$. Vamos convertê-lo em binário, usando o método das multiplicações.

$$0,100 \times 2 = \textcircled{0},200$$
$$0,200 \times 2 = \textcircled{0},400$$
$$0,400 \times 2 = \textcircled{0},800$$
$$0,800 \times 2 = \textcircled{1},600$$
$$0,600 \times 2 = \textcircled{1},200$$
$$0,200 \times 2 = \textcircled{0},400 \leftarrow \text{aqui os valores começam a se repetir.}$$

Chegamos ao resultado $0,00011_2$ que representa o número

$0 \times 2^{-1} + 0 \times 2^{-2} + 0 \times 2^{-3} + 1 \times 2^{-4} + 1 \times 2^{-5} = 0 + 0 + 0 + 0,0625_{10} + 0,03125_{10} = 0,09375_{10}$. Um resultado bem próximo, mas de qualquer modo diferente de $0,1_{10}$. Com mais *bits* binários podemos aproximar o resultado de $0,1_{10}$. Por exemplo, com o número binário $0,000110011_2$, o resultado seria $0,099609375_{10}$, chegando mais próximo, porém por mais dígitos que usemos, nunca será igual a $0,1_{10}$.

A maneira de armazenar este número de forma binária é definir quantos *bits* vamos usar para a parte inteira e quantos serão usados para a parte à direita da vírgula. Nesse caso estamos falando de representação em vírgula fixa (ou ponto fixo). Este método tem suas desvantagens, pois a computação científica trabalha com números muito grandes, e essa representação em vírgula fixa não seria suficiente para todas as aplicações. É aí que entra a representação em vírgula flutuante.

Nos primórdios da Computação, cada fabricante escolhia seu método de representação de números em vírgula flutuante, o que causava certa confusão e consequente incompatibilidade entre os equipamentos. Atualmente existe um padrão que regula a representação desses números binários no computador: o padrão IEEE 754. IEEE é uma organização profissional criada em 1963 e dedicada ao avanço tecnológico. Nesse padrão, adotado em 1985, a IEEE regula os detalhes da representação de números binários em vírgula flutuante. Ninguém é obrigado a segui-lo, mas seu equipamento ficaria incompatível com o restante do mundo.

No padrão IEEE 754, os números binários em vírgula flutuante seguem a chamada representação científica de números reais. Nos números com vírgula decimal, essa representação consiste em escrever o número como o produto entre um número e uma potência de 10.

Capítulo 1

$$\text{mantissa} \times 10^{\text{expoente}}$$ Eq. 1.7

em que a mantissa é um número real cujo valor absoluto é maior ou igual a 1 e menor que 10, e o expoente é um número inteiro qualquer. Isto quer dizer que a mantissa deve possuir apenas um dígito à esquerda da vírgula. Na base dez, este número está entre 1, incluso, e 10, excluso. Por exemplo, se usamos 5 dígitos, esse número absoluto poderia estar entre 1,0000 e 9,9999, sem jamais chegar a dez. Seguem alguns exemplos de números escritos segundo esta regra:

$$
\begin{aligned}
2345 &= 2{,}345 \times 10^3 \\
0{,}0012 &= 1{,}2 \times 10^{-3} \\
-0{,}03 &= -3{,}0 \times 10^{-2} \\
3{,}45 &= 2{,}345 \times 10^1
\end{aligned}
$$

Na base binária, o dígito à esquerda da vírgula na mantissa será sempre 1, diferente da base 10, na qual esse número pode estar entre 1 e 9, inclusive. Isto facilita a representação no computador, pois esse dígito não precisa ser armazenado, uma vez que seu valor já é conhecido. Assim, para armazenar este tipo de número precisamos de:

- um *bit* de sinal para a mantissa;
- um campo para o expoente; e
- um campo para a mantissa.

A Figura 1.10 representa a organização desses campos em um número real, segundo a especificação IEEE 754.

Sinal	Expoente	Mantissa

Figura 1.10 Campos de um número real no padrão IEEE 754.

O expoente pode ser positivo ou negativo. No padrão IEEE 754, este número é armazenado na representação por excesso, com um valor polarizador de $n^{n-1}-1$. O padrão preconiza a organização mostrada na Tabela 1.4 para as classes de números em precisão simples e precisão dupla.

Tabela 1.4 Classes de números em ponto flutuante no padrão IEEE 754

Classe	Tamanho	Expoente	Mantissa	Polarizador
Precisão simples	32 *bits*	8 *bits*	23 *bits*	127
Precisão dupla	64 *bits*	11 *bits*	52 *bits*	1023

Vamos analisar a representação do número $12{,}375_{10}$, que em binário é $1100{,}011_2$. Começamos deslocando a vírgula até que reste apenas um dígito à esquerda da vírgula. Cada deslocamento unitário representa uma multiplicação por 2, assim:

$$1100{,}011_2 = 1{,}100011_2 \times 2^3 .$$

Introdução aos Computadores

Para representarmos este número de acordo com o padrão IEEE 754, prossegui-mos:

- o *bit* de sinal é igual a zero, pois a mantissa é positiva,

- o expoente é 3, no caso da classe de precisão simples; o número polarizador é 127. Dessa maneira, somamos 127 + 3 = 130, e convertendo para binário com 8 *bits* obtemos $1000\ 0010_2$,

- a mantissa é 100011, pois subentendemos que o primeiro dígito é um. Inseri-mos *bits* zero até completar os 23 *bits* do padrão.

Finalmente, juntando tudo, a Figura 1.11 representa o número em precisão sim-ples.

Sinal	Expoente	Mantissa
0	1000 0010	100 0110 0000 0000 0000 0000

Figura 1.11 Número 12,375 em precisão simples segundo o padrão IEEE 754.

O padrão também oferece uma representação para os números especiais zero, −infinito, +infinito e NaN (sigla em inglês para **Not a Number**, que significa Não é um número). Veja a Tabela 1.5.

Tabela 1.5 Valores especiais no padrão IEEE 754

Valor	Sinal	Expoente	Mantissa
zero	0	0	0
+infinito	0	Todos 1	0
−infinito	1	Todos 1	0
NaN	0	Todos 1	Diferente de zero

EXERCÍCIO 1.16

Escreva os binários equivalentes a −215,5 na notação com vírgula fixa. Qual o número mínimo de *bits* necessários?

EXERCÍCIO 1.17

Escreva os binários equivalentes a −215,5 usando o padrão IEEE 754 para precisão sim-ples e dupla.

EXERCÍCIO 1.18

Escreva os binários equivalentes a 0,1 usando o padrão IEEE 754 para precisão simples e dupla.

Capítulo 1

1.7 REPRESENTAÇÃO DE LETRAS E SÍMBOLOS

Os dígitos binários não representam apenas números no computador. Como foi dito anteriormente, o mundo do computador é um mundo no qual existe apenas 0 e 1. Deste modo, mesmo letras e símbolos devem também ter seu equivalente binário. Dependendo da situação, uma sequência de dígitos binários pode tanto representar um número quanto uma letra ou outra coisa qualquer. Além das letras comuns do alfabeto, a codificação deve também representar caracteres de controle, por exemplo, aquele que pula para a próxima linha, em uma impressão ou tabulação. Esses caracteres não são visíveis, mas seu efeito o é.

Uma tabela de conversão muito adotada nos primeiros computadores pessoais foi a tabela **ASCII** (sigla em inglês para *American Standard Code for Information Interchange*). Como os primeiros computadores pessoais foram desenvolvidos nos Estados Unidos, e a língua inglesa não possui caracteres acentuados, a tabela ASCII pôde ser baseada em apenas um *byte*, ou seja, 8 *bits*. Com 8 *bits* podemos representar 256 caracteres. Contudo, por motivos históricos, 128 símbolos eram suficientes, e isso também permitia economizar um *bit* na transmissão de mensagens. Desse modo, a tabela ASCII utiliza apenas 7 *bits* para codificar todos os seus caracteres. Se necessário o oitavo *bit* poderia ser usado para verificar se a transmissão dos outros 7 *bits* foi correta. Portanto, é possível validar a transmissão por meio de um "*bit* de paridade", ou seja, o envio é feito de tal forma que exista sempre um número par ou ímpar de *bits* iguais a 1, caso seja escolhida a paridade par ou ímpar.

Com 128 números da tabela são representadas as 26 letras maiúsculas de 'A' a 'Z'; as 26 minúsculas de 'a' a 'z'; os dígitos de '0' a '9'; e as pontuações básicas, como vírgula e ponto, caracteres de controle, além do espaço em branco para separar as palavras. Desse modo, o caractere '0' é representado pela sequência de *bits* 0110000 e a letra 'a' é representada pela sequência de *bits* 1100001. A escolha é totalmente arbitrária. Outros códigos são possíveis, mas a tabela ASCII foi a que se impôs. A Tabela 1.6 mostra alguns exemplos da tabela ASCII.

Tabela 1.6 Alguns exemplos da codificação ASCII

dec.	hexa	carac	dec.	hexa	carac	dec.	hexa	carac
000	00	(nul)	047	2F	/	070	46	F
007	07	(bel)	048	30	0	071	47	G
008	08	(bs)	049	31	1	072	48	H
009	09	(tab)	050	32	2	088	58	X
010	0A	(lf)	051	33	3	089	59	Y
013	0D	(cr)	052	34	4	090	5A	Z
024	18	cancel	053	35	5	091	5B	[
027	1B	(esc)	054	36	6	092	5C	\
032	20	(espaço)	055	37	7	093	5D	]
033	21	!	056	38	8	094	5E	^
034	22	"	057	39	9	095	5F	_

(continua)

Introdução aos Computadores

Tabela 1.6 Alguns exemplos da codificação ASCII (*continuação*)

dec.	hexa	carac	dec.	hexa	carac	dec.	hexa	carac
035	23	#	058	3A	:	096	60	`
036	24	$	059	3B	;	097	61	a
037	25	%	060	3C	<	098	62	b
038	26	&	061	3D	=	099	63	c
039	27	'	062	3E	>	120	78	x
040	28	(	063	3F	?	121	79	y
041	29	)	064	40	@	122	7A	z
042	2A	*	065	41	A	123	7B	{
043	2B	+	066	42	B	124	7C		
044	2C	,	067	43	C	125	7D	}
045	2D	-	068	44	D	126	7E	~
046	2E	.	069	45	E	127	7F	DEL

Dica 1.1 – Não se preocupe com a codificação de uma letra.

Não importa se a linguagem usa ASCII ou *Unicode*, muito raramente você deverá estar consciente do valor numérico de uma letra dentro do seu computador. A maioria das linguagens de programação converte automaticamente caracteres no valor correto. Assim, por exemplo, nas linguagens C ou Python, basta escrever *'a'* para que o caractere seja convertido em sua representação binária correta. Somente se você estiver desenvolvendo software básico ou programando em linguagens de baixo nível haverá necessidade de se preocupar com a codificação a ser usada.

Dica 1.2 – A codificação de seu editor de texto é importante.

A maior parte das linguagens foi criada para processar letras em ASCII. Assim, ao escrever as palavras da linguagem, você não tem de se preocupar com isso. Porém, para ver uma saída impressa ou na tela de algum caractere acentuado, você deverá identificar a codificação que o seu editor de texto irá usar. As codificações mais comuns de caracteres latinos são a UTF-8 e a ISO8859-1. Mas basta ter identificado a codificação utilizada. O valor de cada letra em binário continua sendo uma informação irrelevante na maioria dos casos.

Com a evolução dos sistemas computacionais e a difusão em países falantes de outros idiomas diferentes do inglês, viu-se a necessidade de adotar um padrão que comportasse mais caracteres, inclusive os caracteres acentuados. A codificação *Unicode* foi adotada como padrão pela indústria de computação, por permitir a codificação de 1.114.112 caracteres, e, em sua última especificação, definir mais de 128 mil, abrangendo diversos idiomas e símbolos.

A codificação *Unicode* é mais complexa que uma simples tabela, pois permite a combinação de caracteres, e deixa detalhes, como tamanho, forma e estilo para outro software. O padrão *Unicode* define um método de mapeamento para caracteres denominado **UTF** (Formato de Transformação *Unicode*, do inglês *Unicode Transformation Format*).

23

Capítulo 1

A partir deste método diversas codificações podem ser construídas, a mais utilizada sendo a chamada **UTF-8**, que maximiza a compatibilidade com a tabela ASCII. A UTF-8 utiliza de 1 a 4 *bytes*, permitindo representar qualquer caractere universal *Unicode*.

1.8 SISTEMAS DE COMPUTAÇÃO

> "*No futuro, os computadores podem pesar não mais que 1,5 toneladas.*" Revista *Popular Mechanics*, em 1949.

Um **sistema de computação** ou **sistema computacional** é um conjunto de elementos físicos e lógicos capazes de processar informações. Os termos usados são de origem inglesa, portanto, a parte física chamamos de **hardware** e a parte lógica chamamos de **software**.

A palavras originais em inglês têm um sentido de conjunto. Assim *hardware* e *software*, em inglês, não admitem plural. Em português o plural é aceito, mas você deve ficar atento para nunca escrever ou falar em um texto em inglês "*hardwares*" ou "*softwares*". Isso não é inglês! Como plurais, essas palavras só existem em português (podem existir em outra língua também, mas não no inglês). Explicando melhor: como as palavras originais têm sentido de conjunto, seria como falar "*os gados* do Brasil" (sic). Doeria ao ouvido tal expressão, que está errada em português, assim como estaria errada a expressão "softwares de processamento de texto", se seguíssemos a mesma regra do inglês.

Eu evito usar hardware e software no plural. No caso do hardware podemos usar **componentes de hardware** e no caso do software, **componentes de software**. Aliás, outro erro comum é associar software com programas, como se fossem sinônimos. No caso do anglicismo adotado no Brasil pode até ser aceito, mas software é mais do que simplesmente um programa de computador.

Alan Turing (1912-1954)

Alan Turing foi um matemático inglês e um dos pioneiros da Computação. Trabalhou na Segunda Guerra Mundial ajudando os ingleses a decifrar a máquina de criptografia dos alemães. Em 1936, com apenas 24 anos, Turing descreveu um modelo teórico de um computador. Este modelo é totalmente abstrato, sem se tratar da implementação física do computador. Hoje em dia, é chamado de Máquina de Turing e pode modelar qualquer computador digital [Tur36].

Figura 1.12 Alan Turing. Fonte: Turing Digital Archive.

Introdução aos Computadores

O **hardware** de um sistema computacional é composto de todas as partes mecânicas, elétricas e eletrônicas. As partes mecânicas são aquelas que se movem, como teclado, leitor de DVD, disco rígido e impressora, por exemplo. As partes elétricas são aquelas que alimentam de energia o computador, como a fonte de alimentação. Todo o restante é a parte eletrônica.

O **software** é toda informação processada pelo computador, além da sua documentação. Assim, o código executado pelo computador para obter algum resultado e os dados usados para alimentar esse programa, mas também o manual e o código-fonte do programa compõem o software. Vamos analisar um pouco mais esses dois conceitos nas próximas seções.

Fato 1.4 – As palavras software e *bit*

A primeira aparição documentada do termo **software**, no sentido usado em computação, é de 1958, em um artigo escrito pelo matemático americano *John Wilder Tukey*. Ainda existe uma controvérsia sobre quem teria inventado o termo, já que o próprio Tukey nunca reivindicou a autoria, mas não existe dúvida de que foi o primeiro a usá-lo em um documento. Tukey era um apaixonado pelas palavras e, sem nenhuma controvérsia nesse caso, foi o inventor do termo *bit* para designar os dígitos binários, em 1948 [Sha48].

1.9 HARDWARE

> "*Penso que existe um mercado mundial para talvez 5 computadores.*" Thomas Watson, presidente da IBM, 1943.

Diversos elementos compõem o hardware de um sistema computacional, podendo ser classificados em 3 tipos básicos: Entrada e Saída, Unidade de Processamento e Memória.

Na Figura 1.13, podemos identificar alguns elementos comuns do hardware:

1. Tela do computador

2. Placa-mãe

3. Processador

4. Memória RAM

5. Placas de expansão

6. Fonte de alimentação

7. Unidade de disco

8. Disco Rígido (*hard disk*, ou HD)

9. Mouse

10. Teclado

Capítulo 1

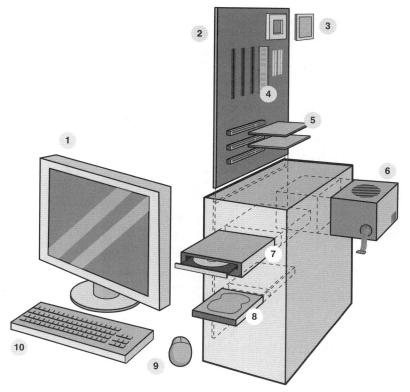

Figura 1.13 Hardware de um computador. Fonte: Adaptada de Wikimedia Commons.

Na década de 1940, o grande matemático **John von Neumann** teve a ideia de colocar dados e programa na memória do computador. O que para nós hoje em dia é o óbvio e a regra, não era tão óbvio naquela época, e os computadores eram programados a partir da modificação do próprio hardware. Colocando o programa junto com a memória, von Neumann facilitou a modificação dos programas e acelerou sua execução. A Figura 1.14 apresenta um esquema do que chamamos arquitetura de von Neumann, usada até hoje em todos os computadores.

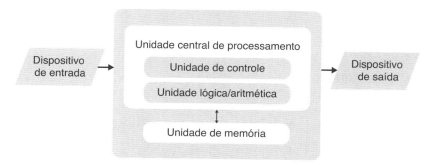

Figura 1.14 Arquitetura de um computador.

Desde os primeiros computadores a tecnologia para sua construção evoluiu enormemente, em particular com o desenvolvimento da tecnologia de semicondutores. Essa mudança tecnológica permitiu um menor consumo de energia e um tamanho muito menor das máquinas. Para se ter uma ideia da ordem de grandeza em que consistiu esse avanço, o primeiro computador digital eletrônico, o **ENIAC**, construído em 1946, possuía 17468 válvulas, consumia 150 kW de eletricidade e ocupava uma área de 167 m², pesando cerca de 30 toneladas. Em 1996, uma equipe da Universidade da Pensilvânia recriou o ENIAC com tecnologias modernas, em um projeto chamado *ENIAC-on-a-chip*. O chip desenvolvido trabalhava em uma frequência milhares de vezes superior ao ENIAC original e coube em uma área de 8 × 8 mm com um consumo de apenas 0,5 W [Spy96].

John von Neumann (1903-1957)

John von Neumann era um matemático húngaro naturalizado americano. Pesquisador de diversas áreas da Matemática, também trabalhou no projeto *Manhattan*, para o desenvolvimento da bomba atômica. Sua maior contribuição à Computação vem de um relatório de 1945 (*First Draft of a Report on the EDVAC*), no qual propôs uma arquitetura lógica para computadores com o conceito de programa armazenado.

Nos primeiros computadores, as instruções para cálculos eram inseridas por meio de cartões perfurados. Neumann propôs que as instruções também fossem carregadas na memória, juntamente com os dados, agilizando a sua leitura e execução. Essa arquitetura é conhecida hoje em dia como Arquitetura de von Neumann. A maioria dos computadores atuais, se não a quase totalidade, segue esse conceito.

Figura 1.15 John von Neumann. Fonte: Los Alamos National Laboratory | U.S. Department of Energy.

1.9.1 ENTRADA E SAÍDA

Os elementos de entrada e saída permitem a comunicação homem-máquina. Existem dispositivos de entrada nos quais o fluxo de informação é de fora para dentro do computador. Um teclado permite que você insira dados e comandos no computador. Um mouse permite uma interação com uma tela gráfica. Além dos teclados existem

Capítulo 1

muitos outros elementos que permitem a entrada de informações; podemos citar câmeras e microfones, por serem bem comuns, mas qualquer dispositivo que permita a inserção de dados em um computador é um dispositivo de entrada. Sensores de presença, medidores de diversos tipos e *scanners* são exemplos menos comuns.

Os elementos de saída são responsáveis pelo fluxo de informações de dentro para fora e permitem que o computador transfira informações para o mundo exterior. O exemplo mais óbvio é a tela de monitor que permite a apresentação do resultado de sua interação com a máquina. Outro exemplo comum é uma impressora, tanto a mais comum de papel quanto a impressora 3D, que imprime verdadeiras esculturas a partir do modelo computacional de um objeto.

1.9.2 CPU

O nome CPU vem do inglês "*Central Processing Unit*", em português seria **Unidade Central de Processamento**, que também pode ser chamada simplesmente de **processador**. Compõe-se de uma Unidade de Controle e de uma Unidade Lógica e Aritmética. Podemos também incluir nessa unidade os registradores e a memória cache.

A **Unidade de Controle** coordena as ações dentro do processador; busca e decodifica instruções a serem executadas; lê e escreve nos registradores; e controla o fluxo de dados. Poderíamos dizer que é o grande maestro do processador.

A **Unidade Lógica e Aritmética** (ULA) é o que poderíamos chamar de cérebro do computador. É a parte em que, como seu nome leva a deduzir, acontecem todas as operações lógicas e aritméticas, ou seja, todas as decisões e contas são realizadas ali.

Se o computador executa uma adição, multiplicação, subtração ou divisão, se testa se algo é zero, enfim, todos os tipos de cálculos são responsabilidade da ULA. A ULA fica no processador de seu computador e utiliza-se da memória interna do computador para armazenar resultados intermediários, enquanto prossegue em direção ao resultado final.

Os **registradores** são uma espécie de memória interna do processador. Guardam resultados intermediários e armazenam dados para um processamento imediato. Por estarem dentro do processador, seu acesso e manipulação é muito mais rápido que a memória principal.

A memória do sistema é muito mais lenta que o processador. Portanto, para agilizar o processamento de instruções, o processador tem uma memória especial interna à CPU, chamada **memória cache**, muito mais ágil. Como é muito mais cara, seu tamanho é limitado dentro da CPU.

1.9.3 MEMÓRIA

> "*640K deveria ser suficiente para todo mundo.*"
> Frase falsamente atribuída a Bill Gates.

A memória de um sistema computacional é o local em que o sistema guarda as informações a serem processadas ou que foram processadas. Serve também para preservar as instruções que serão usadas para o processamento de informações. Podemos distinguir dois tipos de memória: a memória principal e a memória de massa.

A **memória principal** é mais rápida e perde todas as informações quando você desliga o computador. Também chamamos essa memória de *"memória viva"*. Os primeiros computadores pessoais da IBM da década de 1980 usavam **640k** *bytes* (640×2^{10}) de memória. Ao longo dos anos, com a evolução da tecnologia, cada vez mais memória foi sendo acrescentada. Na década seguinte os computadores já usavam memórias da ordem de grandeza de alguns *megabytes* (2^{20}, ou, grosseiramente, milhões de *bytes*) e hoje estamos na casa dos *gigabytes* (2^{30}, ou, grosseiramente, bilhões de *bytes*). A evolução da memória foi realmente espantosa, tendo multiplicado por um fator de um milhão a memória dos primeiros computadores pessoais.

A memória é dividida em pequenas unidades, cada uma com um endereço único. A Figura 1.16 mostra um esquema simplificado de como a memória é organizada. A organização real é um pouco mais complexa, mas para todos os efeitos, basta sabermos que cada informação na memória tem um endereço associado. A quantidade de memória que pode ser endereçada depende do processador.

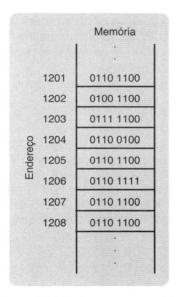

Figura 1.16 Endereços e memória.

A memória dos primeiros computadores, na década de 1950, usava válvulas biestáveis; mais tarde passou a usar núcleos magnéticos e hoje em dia usa semicondutores para esta função, ganhando enormemente em velocidade e diminuição do consumo de energia.

São dois os tipos de memória principal: ROM e RAM.

A memória ROM, do inglês *Read Only Memory*, memória somente de leitura, como o nome diz, só pode ser lida. A escrita é possível, mas apenas com equipamento ou procedimento especial e, em alguns tipos, apenas por uma vez. É nessa

Capítulo 1

memória que são armazenados os programas básicos do computador, como o BIOS, do inglês *Basic Input/Output System* ou Sistema Básico de Entrada e Saída. Este programa gerencia a entrada e a saída básicas do computador e também inicia o carregamento do sistema operacional, assim que você liga o seu equipamento. Curiosamente, no Brasil é comum fazer-se referência a este sistema como "*a BIOS*", no feminino.

A memória RAM tem seu nome a partir de *Random Access Memory*, ou memória de acesso aleatório. Na realidade, a memória ROM também tem acesso aleatório, mas o nome RAM tem razões históricas. A memória RAM é uma memória volátil, quer dizer, quando você desliga o computador seu conteúdo se apaga juntamente com o fim da energia. É uma memória bem rápida, e seu custo caiu de maneira exponencial ao longo dos anos, por isso o salto quantitativo na memória dos computadores. Esse tipo de memória pode ser lido e escrito e é usado para armazenar dados para uso imediato, os programas que estão em execução no computador e os resultados intermediários do processamento. Nessa memória também é carregado o Sistema Operacional, um programa especial que fornece uma interface entre o usuário e a máquina.

A memória secundária ou de massa geralmente é do tipo magnética, como os discos rígidos (HD, *Hard Disk*, em inglês). Com uma mecânica fina e precisa, podem ser armazenadas quantidades muito maiores de *bytes* nessa memória. Enquanto contamos a capacidade da memória primária em *gigabytes*, a memória de massa é contada em *terabytes*. As informações, uma vez gravadas, ficam registradas até serem apagadas ou substituídas, não necessitando de energia para se manter. Por ter baixo custo por *gigabyte* armazenado, essa memória é muito usada para manter grandes volumes de dados e para fazer cópia de segurança.

Ultimamente tem ficado mais comum um tipo de memória de massa sem partes móveis, o dispositivo de estado sólido, ou, como é mais comumente conhecido por sua sigla em inglês, o SSD (*Solid State Drive*). Sem partes mecânicas, o SSD consome menos energia e permite velocidades de acesso muito maiores que o disco magnético, porém seu custo ainda é muito superior aos dos discos magnéticos.

1.10 SOFTWARE

"Hardware é o que você chuta e software é o que você xinga." Anônimo

Falamos até agora apenas de hardware e sobre detalhes físicos do computador, mas tudo isso não serve de nada se não houver algo que encadeie as ações no hardware e nos forneça resultados. Como isso é feito? A resposta é o software, uma espécie de "alma" do computador.

O software de um sistema computacional é composto das instruções que direcionam o hardware para fornecer um resultado desejado. Em sentido mais amplo, o software também é composto de toda a documentação do sistema computacional, ou seja, manuais e especificações de seu uso.

Citando parte mais óbvia, o programa de computador é o resultado da programação em alguma linguagem, de modo que as instruções possam resolver um problema ou fornecer um resultado.

Como já mencionado, tudo no mundo do computador é representado por *bits*. Zeros e uns servem para tudo. Com o software não poderia ser diferente. Da mesma forma que representamos números e caracteres usando uma codificação binária, escolhemos certas sequências de *bits* para representar ações, quer dizer, certas sequências de *bits* são interpretadas como instruções para o processador. Lembre-se da arquitetura de von Neumann: dados e instruções ficam na memória.

Uma parte da memória armazena dados, e assim o processador sabe que naquela área não irá encontrar instruções. Portanto, interpreta corretamente os *bits* dessa área como informações a serem processadas. Outra parte da memória armazena instruções. Tudo que estiver ali será interpretado pelo processador como comandos a serem executados.

Cada processador tem sua própria interpretação sobre o que significam as sequências de *bits*. Por exemplo, um processador pode considerar que a sequência 0010 0010 significa "carregue o registrador A com o valor 2". Quando encontra essa sequência de *bits* na memória, o processador irá executar o processamento para colocar no registrador A o valor 2. Simples. Chamamos isso de "código de máquina", ou de "linguagem de máquina", porque é exatamente a linguagem que o processador entende.

Programar com zeros e uns seria muito difícil, então foram criadas linguagens de montagem, também chamadas de *assembly*, que tornam a linguagem de máquina mais legível aos seres humanos. Assim, em vez de escrever 0010 0010, escrevemos "*Load A,2*". O processador não consegue entender a linguagem de montagem, então existem programas especiais, chamados *montadores* ou *assemblers*, que traduzem o "*Load A,2*" em 0010 0010. O primeiro montador foi criado em código de máquina, depois bastou usar montadores mais simples para criar montadores cada vez mais sofisticados. A Figura 1.17 apresenta um trecho de programa escrito em linguagem *assembly*, assim como sua tradução para linguagem de máquina.

Endereço	Linguagem de máquina	Assembly
000001CC	7274	jc 0x242
000001CE	61	db 0x61
000001CF	62	db 0x62
000001D0	002E	add [rsi],ch
000001D2	7368	jnc 0x23c
000001D4	7374	jnc 0x24a
000001D6	7274	jc 0x24c
000001D8	61	db 0x61
000001D9	62	db 0x62
000001DA	002E	add [rsi],ch

Figura 1.17 Endereço, código de máquina e linguagem de montagem (*assembly*).

Capítulo 1

Porém, até mesmo programar em linguagem de montagem ainda é muito complicado e demorado. A relação é direta entre código em linguagem de montagem e código em linguagem de máquina, ou seja, cada instrução em linguagem de montagem, legível por seres humanos, é traduzida diretamente em linguagem de máquina, compreensível pelo computador. Para programar usando uma linguagem de montagem, você deve ficar restrito aos comandos que o processador entende e gerenciar todo o fluxo de informações em um nível muito baixo. Para resolver este problema foram criadas linguagens de alto nível.

Uma linguagem de alto nível é aquela que fica mais próxima da linguagem humana, mas com uma sintaxe restrita. Cada comando na linguagem de alto nível pode ser traduzido em vários comandos na linguagem de máquina, permitindo uma maior complexidade nas ações. Em vez de se limitar aos comandos determinados pelo processador, o programador em linguagem de alto nível pode usar estruturas mais complexas e um programa especial vai traduzir esses comandos em linguagem de máquina.

Existem centenas de linguagens de programação, cada uma voltada para um nicho de resolução de problemas. Sempre digo aos meus alunos que não existe a linguagem perfeita, que resolva todos os problemas. Cada uma tem sua especificidade. Por exemplo, a primeira linguagem de alto nível, **FORTRAN**, é uma linguagem voltada para a resolução de problemas que envolvem muitos cálculos. Seu nome já diz isso, FORTRAN vem de *Formula Translation*, tradução de fórmula. Depois veio **COBOL**, uma linguagem voltada para resolver problemas comerciais e de escritório, como gerar folhas de pagamento. Existem linguagens voltadas para a programação web, como **PHP**, linguagens para programação de software básico, como **C**, e linguagens para programação gráfica, como **Lua**.

1.11 COMPILADA OU INTERPRETADA

A tradução da linguagem de alto nível em linguagem de máquina pode ser feita de duas maneiras básicas: compilação ou interpretação.

Na **compilação**, um **programa-fonte** escrito em uma linguagem de programação é traduzido completamente em um programa em linguagem de máquina, e esse resultado é salvo como um novo arquivo que será executado na máquina física. Neste caso usamos um programa chamado **compilador**. A saída do processo é chamada de **programa-objeto** (Figura 1.18).

O programa-objeto ainda não está pronto para ser executado. Normalmente, há diversas funções que são usadas com frequência, mas que não fazem parte da linguagem de programação. Por exemplo, se você usa muitas vezes uma função de raiz quadrada, não faria sentido programar uma função que faça esse cálculo toda vez que for iniciar um novo programa. Você pode colocar esta função em uma biblioteca, ou o próprio desenvolvedor da linguagem pode oferecer uma biblioteca de funções com a função da raiz quadrada.

Um programa chamado **ligador** (*linker*) fará a ligação do programa-objeto gerado pelo compilador com as bibliotecas de funções. O processo de compilação e ligação

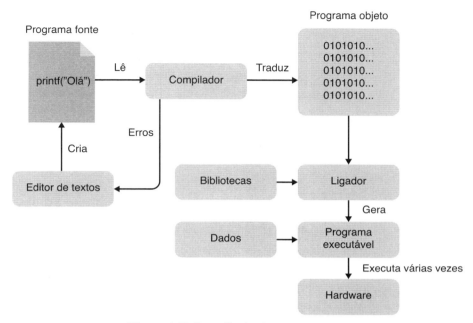

Figura 1.18 Compilação de um programa.

pode ser integrado e você nem se dará conta de que a compilação tem um passo suplementar de ligação. Os detalhes desse processo fogem do escopo deste livro.

No processo de tradução entre a linguagem de alto nível e a linguagem de máquina, o compilador pode encontrar erros de sintaxe; então irá gerar mensagens de erros para que o programador possa corrigi-los. O programa executável somente será gerado quando não houver mais erros de compilação.

Uma vez gerado o programa-objeto, não precisamos mais do compilador e podemos executar o programa quantas vezes quisermos, com uma entrada de dados opcional.

Como cada processador tem um tipo próprio de linguagem de máquina, o compilador gera programas-objeto apenas para o tipo de máquina para o qual foi criado. Assim, uma linguagem de programação necessita de um compilador diferente para cada tipo de computador ou ambiente computacional.

A compilação é usada em linguagens de programação, como C, C++ e FORTRAN.

A outra maneira é traduzir linha por linha do programa em linguagem de alto nível para linguagem de máquina, executando uma linha por vez. Neste caso usamos um **interpretador**. Note que o programa precisa do interpretador para executar, pois as ações ocorrem dentro do ambiente do interpretador (conforme Figura 1.19).

Se houver dados, estes são processados pela execução desta linha no ambiente do interpretador. Se não houver erros, o interpretador lê a próxima linha do programa-fonte e repete o processo até que todas as linhas sejam lidas e o programa chegue ao seu final. Linguagens como **Python**, **Java** e **Javascript** são interpretadas.

Capítulo 1

Figura 1.19 Interpretação de um programa.

Existem vantagens e desvantagens em cada tipo de tradução. O uso do compilador cria programas mais eficientes em tempo de execução, pois o programa-objeto é executado diretamente, sem passar pelo compilador. Uma vez gerado o programa-objeto, este pode ser executado diversas vezes, sem necessidade do compilador. Um programa interpretado sempre vai precisar do ambiente do interpretador, e todo o processo de execução se torna mais lento, pois o interpretador deve ler e executar cada linha antes de passar para a próxima. Do mesmo modo, mesmo que uma linha já tenha sido lida e interpretada, deverá ser lida e interpretada quantas vezes aparecer durante a execução do código, se não for feita nenhuma otimização.

O uso do interpretador permite acompanhar a execução do código passo a passo, mas a grande vantagem dos interpretadores sobre os compiladores é a portabilidade dos programas entre várias máquinas. Como já dito, cada processador tem seu conjunto próprio de comandos. Mesmo que sejam utilizados os mesmos processadores, diferentes arquiteturas de computadores criam dificuldades quando se deseja executar o mesmo programa-objeto. Como o interpretador não gera um programa-objeto, basta ter um interpretador de uma linguagem para uma máquina e os programas escritos naquela linguagem poderão ser executados. Esta parece ser a principal razão de existirem linguagens interpretadas.

Para compensar a queda de desempenho do uso de linguagens interpretadas, existe um meio-termo entre a compilação e a interpretação. De fato, entre esses dois estilos de tradução pode haver qualquer nível de compilação mesclada com interpretação.

A ideia aqui é usar uma máquina virtual que vai permitir uma geração padronizada de programas-objeto. O compilador vai gerar código para esta máquina virtual e não para a máquina real. Isso facilita o projeto de compiladores, que agora têm de ser projetados para apenas uma máquina padronizada (conforme Figura 1.20).

A máquina virtual tem seu próprio conjunto de instruções binárias que entende e processa. Chamamos esse código de *bytecode*, código de *bytes*, que permite uma padronização dessa máquina virtual que sempre irá entender o mesmo conjunto de *bytecodes*, independentemente da máquina real em que é executada. A máquina virtual processa programas-objetos gerados com *bytecodes* e gera o código de máquina para executar o programa na máquina real.

Por exemplo, a linguagem **Java** funciona dessa maneira: um compilador Java traduz o programa-fonte em *bytecodes* independentes da máquina. No momento da execução, esses *bytecodes* devem ser executados dentro de uma máquina virtual, que na realidade se comporta como um interpretador de *bytecodes*.

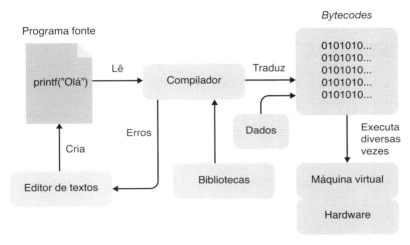

Figura 1.20 Híbrido entre compilação e interpretação.

1.12 SISTEMA OPERACIONAL

> "Olá a todos que estão usando minix – Eu estou fazendo um sistema operacional livre (é apenas um hobby, não será grande e profissional como o gnu) para os clones AT 386(486)... e provavelmente nunca será compatível com nada além de discos rígidos AT, uma vez que isso é tudo o que eu tenho :-(." Linus Torvalds, em 1991, anunciando o sistema operacional Linux.

Na última seção menti para você. Muito raramente seu programa vai executar diretamente sobre o hardware de seu computador. Para isso, você teria de conhecer tantos detalhes que demoraria anos e anos para dominar a escrita dos programas mais simples. Nos primórdios da Computação, a programação era feita diretamente sobre o hardware, depois foram criadas camadas que facilitam sua vida na hora de codificar, além de aumentar a segurança do código que você irá gerar.

Um sistema operacional é um programa especial que tem a tarefa de garantir que os recursos do hardware estejam disponíveis para os programas que você quiser executar. Esse sistema gerencia todos os aspectos do hardware para que você não tenha de se preocupar com coisas como escrever um arquivo no disco, ler um caractere do teclado ou escrever letras na tela do monitor.

Capítulo 1

Mesmo que você tenha somente um processador, o Sistema Operacional gerencia este recurso de modo que você possa executar vários programas ao mesmo tempo.

Essencialmente, um sistema operacional ocupa-se do gerenciamento de processos; decide qual será o programa que poderá usar o processador; gerencia a memória, reservando partes da memória para seu programa e evitando acessos não autorizados a determinadas regiões da memória; processa a entrada e a saída de dados, isolando seus programas dos detalhes acerca da comunicação do computador com o mundo externo e sistema de arquivos; e implementa o acesso aos discos, garantindo a integridade dos arquivos salvos.

1.13 OBSERVAÇÕES FINAIS

Este capítulo apresentou alguns dos detalhes mais importantes de um sistema computacional. Seria possível escrever um livro inteiro sobre o assunto, sem esgotá-lo. Com a finalidade de ser breve, alguns aspectos foram simplificados. O leitor curioso que se interessar por algum aspecto apresentado aqui pode encontrar muito material para estudo on-line e em livros [CL17].

Bases da Programação

"Todo mundo neste país deveria aprender a programar um computador, porque esse aprendizado ensina você a pensar." Steve Jobs, em entrevista em 1996.

Você quer aprender uma linguagem de programação ou quer aprender a programar? Você deve estar se perguntando: mas tem diferença? Sim, tem. O computador não tem nenhuma inteligência; apenas faz as coisas de maneira muito rápida. Cabe a nós darmos esse sopro de inteligência aos computadores. A única forma que temos para fazer isso é desenvolvendo programas que guiem nosso computador na busca de soluções de problemas. Como o computador não é muito inteligente, as linguagens que entende têm uma sintaxe muito simples. Aprender uma linguagem de programação é fácil, e você rapidamente vai conseguir escrever programas bem úteis. Mas você conseguirá programar de verdade? Se surgir um problema mais complicado, você saberá resolvê-lo? Se seu programa não funcionar, você vai saber corrigi-lo? Ou vai ficar sempre na superfície, contente em resolver problemas simples?

Programar bem exige disciplina e método.

Se você está lendo esse livro, muito provavelmente já tem uma ideia do que seja um programa. Cada um pode ter sua definição. Gosto muito de uma definição que diz que aprender a programar é o mesmo que estudar os processos computacionais. Processos computacionais são como seres abstratos que habitam os computadores. Esses seres abstratos agem manipulando outras abstrações, que chamamos de dados. Programar é direcionar este processo para obter um resultado. Na base, como visto no capítulo anterior, tudo são zeros e uns, e até os próprios zeros e uns são abstrações de medidas de grandezas físicas usadas para representar esses conceitos.

Para programar bem, você deve coordenar ações e manipular abstrações. Neste capítulo apresento alguns conceitos úteis para poder fazer uma boa gestão dessas abstrações. Aprender uma linguagem de programação será uma consequência disso. Espero que, quando terminar seus estudos ao final deste livro, você seja capaz de programar em qualquer linguagem de programação, bastando aprender sua sintaxe.

Capítulo 2

2.1 LINGUAGEM DE PROGRAMAÇÃO

"Aprendi muito cedo a diferença entre saber o nome de algo e saber algo." Richard Feynman, físico americano.

Para programar, é óbvio, você precisa aprender uma linguagem de programação. Prometi que iria usar uma linguagem de programação de modo que você tivesse uma resposta rápida para avaliar seu aprendizado. Vou cumprir o prometido, mas vamos tentar um enfoque diferente. Apresentarei conceitos de programação os quais irei exemplificar com uma linguagem, no caso, Python. O que quero dizer é que o conceito tem prioridade sobre Python. Conhecendo esses conceitos, você será capaz de reconhecê-los em outras linguagens.

Neste livro vamos usar Python por ser uma linguagem de aprendizado simples. Trata-se de uma linguagem poderosa que não vai servir apenas para você aprender a programar. Muitos programas de computador úteis, de uso profissional, podem ser feitos por meio de Python. Mas não fique limitado a esta linguagem. Na verdade, existem problemas que seriam mais bem resolvidos por outras linguagens.

Cada linguagem tem características e sintaxes próprias. Ao longo dos anos tenho visto programadores defenderem as linguagens de programação que usam com um fervor quase religioso. É um exagero. Cada uma tem seu nicho de aplicação, e muitas das escolhas de programadores são apenas consequências de afinidades pessoais.

Apenas para dar um exemplo de como as linguagens podem ser diferentes ao executarem a mesma função, analisemos um programa clássico, o *"Hello, World"*. Vou manter a frase em inglês por uma questão de respeito histórico. Depois que foi usada no clássico livro de programação C, escrito por *Kernigham* e *Ritchie* [**Ker88**], este programa foi adaptado por praticamente todo autor de livro sobre linguagens de programação, como primeiro programa a ser escrito e executado. Lógico que não é apenas isso. Este programa também testa se a linguagem foi bem instalada no computador e se está pronta para gerar programas corretamente.

O problema é escrever a frase "Hello, World" na tela do computador. Em C, o programa fica assim:

```c
#include <stdio.h>
int main()
{
   printf ("Hello, world\n");
   return 0;
}
```

Na linguagem Java, teríamos:

```java
class HelloWorld {
  static public void main( String args[] ) {
    System.out.println( "Hello, world!" );
  }
}
```

Bases da Programação

Não importa muito descrever a sintaxe e o que cada linha desses dois programas faz. São citados aqui apenas para mostrar como são semelhantes os programas escritos nessas linguagens. Nós vamos usar uma linguagem mais direta: Python. Assim, o "Hello, World" em Python fica:

```
print ("Hello, world!")
```

Bem mais fácil, não? Esta linha simplesmente diz para o computador imprimir, "print" em inglês, a frase "Hello, World" na tela. Apresentarei a sintaxe de Python de acordo com a necessidade dos problemas apresentados.

Para que você possa interagir com o computador por meio da programação, é útil saber primeiro como escrever algo na tela. O comando `print` serve exatamente para isso. Vamos usá-lo muitas vezes.

Dica 2.1 – Não use uma IDE.

IDE do inglês *Integrated Development Environment* significa **Ambiente de Desenvolvimento Integrado**. É um programa com uma interface gráfica que facilita a escrita de programas, oferecendo ferramentas de apoio ao desenvolvimento de software. O problema é que esse programa facilita demais a vida do programador. Evita que ele digite muita coisa. Para quem está iniciando é essencial digitar os programas. Você vai cometer mais erros, é verdade, mas vai aprender mais rápido. Quando você for um programador mais avançado, poderá usar uma IDE, porém, muitos programadores experientes ainda preferem usar um editor mais simples, com facilidades mínimas, mesmo tendo ao seu dispor IDEs fantásticas. Assim, prefira um editor simples, com no máximo a facilidade de realce das palavras que pertencem à linguagem com a qual você está programando.

O editor que você usar para seus programas não pode ser um editor com formatação, como *Word* ou *OpenOffice*. Para editar programas você precisa usar um editor de texto o mais simples possível. Um programa de computador é um texto puro, sem negrito, sublinhas ou itálicos. Qualquer formatação fará com que seu programa não funcione.

Dica 2.2 – Digite seus programas.

Quando você estiver aprendendo a escrever programas, por vezes vai ter que repetir um código que já foi escrito anteriormente. É tentador abrir o programa antigo e copiar e colar no novo programa. Evite isso. Digite de novo. Você deve se habituar com a linguagem, e a melhor maneira de fazê-lo é digitando sempre os seus programas. Cada vez que você digita um programa, você aprende mais e pode até perceber erros que não tinha visto antes.

O primeiro passo para usar Python é instalar o interpretador da linguagem em seu computador. No Apêndice A, eu explico como fazer isso para os sistemas Windows e Linux. Também mostro como invocar o interpretador Python nos dois sistemas.

Python tem dois modos de funcionamento: **interpretador interativo** e **compilador de *bytecode*** (veja a Seção 1.11 sobre interpretação e compilação). Como interpretador interativo, o programa permite que você veja o resultado da execução dos comandos imediatamente. Você digita um comando e o programa o executa. No caso de compilador de *bytecodes*, seu programa-fonte é compilado, ou seja, traduz o programa que você escreveu de acordo com a sintaxe de Python, para um arquivo de *bytecodes*. Este arquivo poderá ser executado diretamente pelo interpretador sem recompilação, em um esquema semelhante ao usado pela linguagem Java.

Capítulo 2

Vamos usar Python preferencialmente como compilador de *bytecodes*. Assim, edite e salve o Programa 2.1 com o nome `hello.py`. Anote o local em que você salvou o seu programa, pois será necessário executar os comandos seguintes em um terminal aberto no mesmo diretório. Na linha de comandos, digite `python hello.py` e, em seguida, pressione a tecla `enter`, para chamar o compilador Python. Se tudo estiver correto, você deve obter algo como apresentado no Programa 2.1a.

```
print ("Hello, world!")
```

■ **Programa 2.1**

```
$ python3 hello.py
Hello, world!
```

■ **Programa 2.1a: Execução de hello.py.**

> ### Dica 2.3 – Use a versão 3 de Python.
>
> Existem várias versões do interpretador Python. Neste livro vamos usar a versão 3 ou superior. Confirme a versão que você instalou no seu computador. Há pequenas diferenças entre versões, e alguns programas apresentados aqui não vão ser corretamente interpretados se forem processados pela versão 2.
>
> Uma diferença importante é que a versão 3 compreende caracteres acentuados do português no comando de impressão, enquanto a versão 2 tem de ser "avisada" de que vamos usar caracteres acentuados. Se traduzirmos o programa anterior para o português:
>
> ```
> print ("Olá, mundo!")
> ```
>
> ■ **Programa 2.2: ola.py.**
>
> Ao executá-lo no ambiente de Python 2, vamos obter a seguinte mensagem de erro:
>
> ```
> $ python3 ola.py
> File "ola.py", line 1
> SyntaxError: Non-ASCII character '\xc3' in file ola.py on line 1,
> but no encoding declared; see http://python.org/dev/peps/pep-
> 0263/ for details
> ```
>
> Isso significa que Python não sabe qual é a codificação do caractere acentuado. Para corrigir isso, basta inserir uma linha
>
> ```
> #encoding: utf-8
> ```
>
> no início do arquivo para informar ao interpretador que a codificação é UTF-8 (se for essa a codificação de caracteres usada pelo seu editor de texto).

2.2 ALGORITMOS

Antes de programar com uma linguagem específica, seja C, Python ou Java, você deve entender como trabalhar em um nível mais abstrato. Neste capítulo vou apresentar o conceito de algoritmos e como usar algoritmos na programação de computadores.

Bases da Programação

Se você procurar no dicionário, vai achar alguma definição genérica para a palavra "algoritmo". Pode ser algo assim: *"Qualquer método utilizado para a solução de determinado problema."*

Convenhamos, esta definição não diz muita coisa. Precisamos de algo mais preciso. Uma definição melhor para algoritmos poderia ser: *"Uma sequência ordenada e sem ambiguidade de passos para a resolução de um problema."*

O que isto quer dizer? Vamos analisar as palavras da definição. Primeiro, foi dito que um algoritmo deve ser uma "**sequência ordenada ... de passos**". Cada passo deve contribuir para se chegar mais perto da solução final de um problema, ou seja, cada passo deve avançar em direção à solução. Em suma, cada passo deve ser **efetivo**. Também foi dito que esses passos devem ser "**sem ambiguidades**". Não deve haver dúvidas sobre o que cada passo significa para a resolução do problema.

Outra consequência dessa definição é que a solução de um problema deve vir por "passos", ou seja, para problemas reais não existe atalho. Não adianta tentar resolver um problema computacional indo direto à solução como um programa. Antes de programar, você deve pensar em uma solução na forma de algoritmo, sem as amarras que a linguagem de programação impõe. A Figura 2.1 mostra que a solução implementada diretamente como programa de computador pode ser bastante difícil. Na maioria das vezes, para problemas complexos, uma solução assim terá muitos erros e não irá atender aos requisitos da solução desejada. Somente problemas muito simples podem ser implementados diretamente em uma linguagem sem uma reflexão sobre a solução.

Podemos, desta forma, elencar algumas propriedades comuns aos algoritmos computacionais [TBP83]:

1. Cada operação deve ser bem definida. Não deve haver dúvida sobre o seu significado, isto é, a operação não pode, em hipótese alguma, conter ambiguidades.

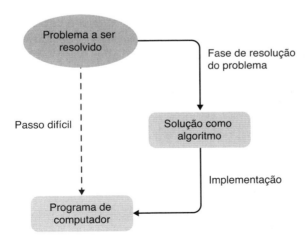

Figura 2.1 Algoritmos e programas. Fonte: Adaptada de [TBP83].

Capítulo 2

2. Cada operação deve ser efetiva: deve contribuir para a solução do problema. A retirada de uma operação efetiva prejudica a solução.
3. Teoricamente, uma pessoa munida de papel e lápis deve poder seguir os passos do algoritmo. Popularmente chamamos isso de "*fazer o chinês*", quer dizer, se tivermos tempo e paciência suficientes, devemos ser capazes de anotar em um papel cada passo de um algoritmo e encontrar a solução para o problema.
4. O algoritmo deve terminar em um tempo finito.

A partir de alguma entrada de informações, um algoritmo deve processar essas informações e, em um tempo finito, fornecer uma saída como solução de algum problema.

Computadores são máquinas para processar informações, mas precisam ser programados para tal. Possuem uma linguagem própria por meio da qual podemos passar instruções sobre o que deve ser feito.

É útil fazer um paralelo entre algoritmos computacionais e não computacionais. Nós lidamos com algoritmos não computacionais o tempo todo em nosso cotidiano. Uma receita culinária é uma espécie de algoritmo; no caso, um algoritmo não computacional. Digamos que você queira fazer um pão. Podemos ser bem genéricos e vagos na receita:

1. coloque meio quilo de farinha em um recipiente adequado;
2. adicione 10 gramas de sal;
3. adicione 10 gramas de fermento;
4. adicione 350 ml de água;
5. misture o conjunto e sove a massa até que fique bem elástica;
6. deixe crescer por 2 horas;
7. sove mais um pouco a massa e faça o formato de pão;
8. coloque em uma forma adequada, deixando crescer por 1 hora;
9. asse no forno a 220 °C por 30 minutos.

A receita do pão funciona, mas é bem superficial. Diversos detalhes foram deixados de lado. O que é um recipiente adequado? O que significa "bem elástica"?

As instruções, ou seja, o algoritmo da receita de pão, é adequado para um padeiro experiente, mas não seria para um padeiro novato. Um padeiro novato precisaria de mais detalhes para fazer um pão corretamente. E se fôssemos criar um robô padeiro, uma máquina que fizesse pão? Neste caso, deveríamos criar um algoritmo mais detalhado. Nossas instruções teriam de ser particularizadas de acordo com o nível de entendimento da máquina, isto é, com seu nível de inteligência. Certamente, um computador seria o guia dessa máquina de fazer pão. Como os computadores têm uma inteligência limitada, o programa precisaria ser bastante extenso.

EXERCÍCIO 2.1

Escreva um algoritmo para fritar um ovo. Se não souber, escreva mesmo assim e depois pergunte a alguém que saiba. Houve muita diferença? Você esqueceu algum detalhe?

Bases da Programação

> **EXERCÍCIO 2.2**
>
> Imagine que você vai ensinar a uma criança de 6 anos, já alfabetizada, a procurar uma palavra no dicionário. Escreva um passo a passo de suas instruções.

Ada, a primeira programadora

Ada Lovelace é considerada a primeira pessoa que escreveu um algoritmo para ser processado por máquina. Nascida em 1815, trabalhou com **Charles Babbage** quando este estava desenvolvendo a sua *máquina analítica*, uma das primeiras ideias de construção de computadores. Entre os anos de 1842 e 1843, Ada escreveu o que é considerado o primeiro algoritmo computacional, descrevendo como calcular a **Sequência de Bernoulli** por intermédio da máquina desenvolvida por Babbage. Infelizmente, a máquina de Babbage não chegou a ser construída no decorrer de sua vida.

Figura 2.2 Ada Lovelace. Fonte: Wikimedia Commons.

2.3 UM ALGORITMO COMPUTACIONAL SIMPLES

> *O Coelho Branco pôs os óculos: "Por onde devo começar? Por favor, Majestade.", perguntou. "Comece pelo início", disse o rei com muita gravidade, "vá até o final, então pare."* Lewis Carroll, Alice no País das Maravilhas, 1865.

Vamos tentar pensar *"algoritmicamente"*. Pensar *algoritmicamente* aqui é o mesmo que pensar com as limitações de um computador. Imagine que você tenha que procurar o significado da palavra **"pneumoultramicroscopicossilicovulcanoconitico"** em um dicionário. Sei que em tempos atuais dicionários de papel estão em desuso, mas façamos este exercício mental, mesmo que você não utilize mais dicionários em papel.

43

Capítulo 2

Os computadores são bons em executar tarefas repetitivas. Para tanto temos de descobrir um padrão de comportamento e, em seguida, especificar esse padrão de modo que o computador possa executá-lo. Lembre-se: computadores não têm inteligência e, portanto, nada sabem sobre a organização de dicionários. Precisamos ensinar-lhes tudo.

Vamos começar com uma solução ruim, porém extremamente simples, para ensinar a um computador como achar uma palavra em um dicionário. A maneira mais simples e menos inteligente de fazer esta busca é olhar palavra por palavra, desde a primeira até encontrarmos a palavra procurada. Se chegarmos ao final do dicionário é porque este não contém uma definição para a palavra, que talvez não exista em nossa língua. Meu primeiro passo é escrever uma solução em prosa, sem me preocupar com detalhes. Minha solução poderia ser:

```
Leia cada palavra do dicionário até encontrar a palavra procurada
ou não restarem mais palavras a serem lidas. Se encontrar a
palavra, imprima seu significado.
```

Esta primeira solução é apenas um aquecimento. Serve para você pensar em como resolver seu problema, sem entrar em detalhes. Neste ponto você se preocupa apenas em esboçar uma solução. Esta solução ainda não é um algoritmo computacional; não tem detalhes suficientes para poder ser traduzida em uma linguagem de programação. Não tente resolver o problema de uma vez. Pode parecer perda de tempo começar de maneira tão abstrata e depois ir refinando a solução, com mais detalhes. Afinal você poderia pensar desde já em vários aspectos importantes da solução, mas eu lhe asseguro de que suas chances de sucesso serão bem maiores se você seguir este método.

Vamos em seguida especificar melhor o que queremos. Quais detalhes ainda faltam? Você imagina que "*Ler uma palavra*" é algo que o computador saiba fazer. Se não souber, teremos de detalhar este passo no futuro, mas o que quer dizer "*cada palavra*"? Precisamos solicitar ao computador que leia a primeira palavra, depois a segunda, depois a terceira, e assim por diante até encontrar a palavra desejada ou o final da lista de palavras. Nosso computador é como uma criança com um vocabulário limitado a quem temos de ensinar o significado de cada comando. Assim, detalhamos nossa solução.

```
Leia a primeira palavra do dicionário. Se esta palavra for a
palavra procurada, imprima seu significado e termine. Se não for,
leia a palavra seguinte até encontrar a palavra procurada ou não
existirem mais palavras a serem lidas.
```

Nesse ponto, nossa prosa está mais próxima de um algoritmo. Mas ainda faltam detalhes para um computador. Vamos agora dividir em passos.

```
Algoritmo que busca a definição de uma palavra em um dicionário:
Passo 1: Leia a primeira palavra do dicionário.
Passo 2: Se for a palavra procurada, imprima a definição e termine.
Passo 3: Se for a última palavra, imprima "Palavra não existe" e
termine.
Passo 4: Leia a próxima palavra.
Passo 5: Volte para o passo 2.
```

Bases da Programação

Este algoritmo seria a forma de solução a que intuitivamente poderíamos chegar. Apesar de correta, não é a melhor forma de solução computacional. Quando um computador tiver de repetir uma mesma tarefa, é melhor indicarmos isso de imediato, antes dos comandos que serão repetidos. No algoritmo apresentado, apenas no passo 5 aparece uma ordem de repetição, na forma de um desvio do fluxo de execução do algoritmo. Nos primórdios da Computação era comum usarmos comandos como este do passo 5. Com o aumento da complexidade dos programas, notou-se que comandos que desviam o fluxo de execução criavam um código difícil de corrigir, pois não podemos ter certeza do local em que o programa está executando em cada momento. Em nosso exemplo simples, isto não é evidente, mas imagine um programa com milhares de linhas de código e centenas de desvios. Criou-se até um termo pejorativo para este tipo de código: *código espaguete*. A solução encontrada foi usar blocos de comandos que são repetidos de acordo com uma condição. Com isto controlamos melhor o fluxo de execução de um algoritmo e sempre sabemos qual parte do código está sendo executada. É a chamada **Programação Estruturada**. Vamos modificar nosso algoritmo, antecipando o comando de repetição e detalhando melhor cada passo.

```
Algoritmo que busca a definição de uma palavra em um dicionário:
Passo 1: Leia a primeira palavra do dicionário.
Passo 2: Repita:
Passo 2.1: Se a palavra lida for a palavra procurada, faça:
Passo 2.1.1: Imprima a definição
Passo 2.1.2: Termine a execução do algoritmo.
Passo 2.2: Se for a última palavra:
Passo 2.2.1: Imprima "Palavra não existe"
Passo 2.2.2: Termine a execução do algoritmo.
Passo 2.2: Leia a próxima palavra.
```

Esta forma de apresentar um algoritmo ainda é visualmente confusa. Para melhorar seu aspecto, foi convencionado que *subpassos* como 2.1 ou 2.1.1 seriam identados, ou seja, vamos deslocar seu início na linha para que visualmente possamos identificar os blocos de execução. Vejamos como ficaria:

```
Algoritmo que busca a definição de uma palavra em um dicionário:
  Leia a primeira palavra do dicionário.
  Repita:
    Se a palavra lida for a palavra procurada:
      Imprima a definição
      Termine a execução do algoritmo.
    Se for a última palavra:
      Imprima "Palavra não existe"
      Termine a execução do algoritmo.
    Leia a próxima palavra.
```

Cada vez que um passo do algoritmo é deslocado na coluna da linha, quer dizer que este comando é um *subpasso* do passo anterior que começa em uma coluna menor. Esta é a forma usual de apresentar algoritmos. Desta maneira, não precisamos numerar cada passo e visualmente identificamos os blocos de execução.

45

Capítulo 2

Perceba que a solução apresentada não é boa. Não usamos o fato do dicionário ser organizado alfabeticamente e podemos fazer melhor. Mas esta solução é simples o suficiente para podermos apresentar alguns conceitos da especificação de algoritmos. Na próxima seção, apresento maneiras de formalizar a sua escrita.

> ### Dica 2.4 – Comece a solução com uma ideia abstrata e depois refine.
>
> Este exemplo ensina algo importante: quando for pensar em uma solução algorítmica para um problema, comece com uma ideia bem abstrata e, aos poucos, aproxime sua ideia do que um computador pode fazer, auxiliado por uma linguagem de programação. Somente quando o algoritmo tiver detalhamento suficiente, implemente-o com uma linguagem de programação.

EXERCÍCIO 2.3

Como seria o algoritmo desta seção se levarmos em conta que um dicionário é organizado alfabeticamente? Escreva uma nova versão considerando esta característica.

EXERCÍCIO 2.4

Imagine uma máquina que possua somente as operações aritméticas de soma e subtração. Escreva um algoritmo para fazer uma multiplicação.

EXERCÍCIO 2.5

Com a mesma máquina do exercício anterior, escreva um algoritmo para a exponenciação.

EXERCÍCIO 2.6

Ainda com a mesma máquina, escreva um algoritmo para a divisão.

2.4 FLUXOGRAMAS

Um fluxograma é baseado em símbolos que representam os passos de um algoritmo. Cada símbolo representa um tipo de ação a ser executada. A Tabela 2.1 mostra alguns dos símbolos mais utilizados.

Bases da Programação

Tabela 2.1 Símbolos usados em fluxogramas

Símbolo	Significado	Função
→	Linha de fluxo	Uma linha direcionada por uma flecha indica que o controle passa de um símbolo para outro seguindo a direção da flecha.
	Terminal	Indica o início ou o fim do algoritmo e é normalmente representado por um círculo ou oval.
	Processo	Representa alguma ação a ser executada.
	Decisão	Representado por um losango, geralmente envolve uma pergunta e uma decisão a ser tomada de acordo com a resposta a essa pergunta.
	Entrada	Indica a entrada de uma informação.
	Saída/Impressão	Indica a saída ou impressão de uma informação.

Nos primórdios da Computação usava-se muito este tipo de recurso. Com o advento de linguagens estruturadas e o aumento da complexidade dos programas, notou-se que a forma gráfica acabava complicando o entendimento do processo de solução de problemas. Quando os algoritmos se tornam mais complexos, os fluxogramas simplesmente se tornam confusos, dificultando o entendimento da lógica da solução. Outro problema marcante é a sua dificuldade de manutenção. Até mesmo pequenas modificações podem levar a um grande trabalho de redesenho.

Os fluxogramas ainda são usados, porém para demonstrar a lógica de pequenos trechos ou ilustrar uma visão geral de uma solução. Um fluxograma simples, representando o algoritmo da seção anterior, é mostrado na Figura 2.3.

Resumindo: fluxogramas funcionam bem para demonstrar uma versão mais abstrata e menos detalhada de um algoritmo. Servem como ilustração gráfica da solução, mas não devem ser usados para especificar um algoritmo completo, com todos os seus detalhes. Na versão da figura anterior, deixei vários detalhes necessários a um programa de computador em aberto, mas o entendimento da linha geral da solução é facilmente captado.

Hoje em dia preferimos usar algo mais próximo do código das linguagens de programação. Esta linguagem é tanto mais próxima do código final quanto quisermos. Como não tem a obrigação de ser compreensível pelo computador, chamamos isso de **pseudocódigo**.

Capítulo 2

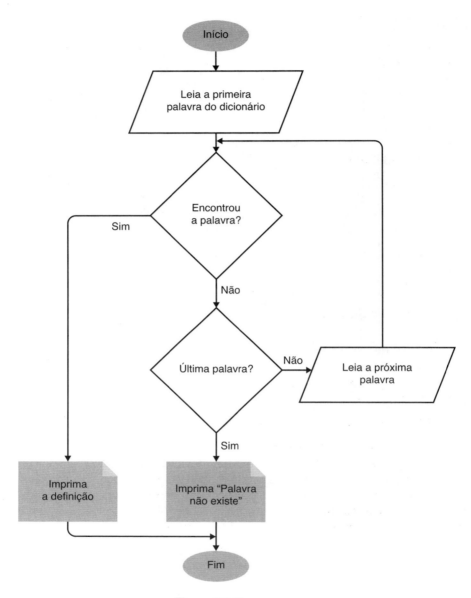

Figura 2.3 Fluxograma.

EXERCÍCIO 2.7

→ Desenhe fluxogramas para os algoritmos que você desenvolveu na Seção 2.3.

2.5 PSEUDOCÓDIGO

A ideia aqui é usar uma linguagem mais formal, mas sem o rigor de uma linguagem de programação real. Podemos usar algo próximo ao português, escolhendo poucas palavras que indicam comandos simples e diretos, como nas linguagens formais de programação. Alguns chamam isso de "**portugol**", um português algorítmico. Este nome é derivado de uma das primeiras linguagens de programação, a **Algol** (ALGOrithmic Language), hoje abandonada, que deu origem à sintaxe de diversas linguagens de programação atuais. Pessoalmente não gosto da palavra *portugol*, prefiro chamar de **pseudocódigo**. Fica ao gosto de leitor usar qualquer dos nomes, o importante é saber sobre o que estamos falando. No decorrer do livro usarei apenas pseudocódigo.

O algoritmo de busca de palavras apresentado na Seção 2.3 é um exemplo de pseudocódigo, apesar de ainda não estar formalizado.

Uma vez escolhido o formato de apresentação de algoritmos, vamos definir quais tipos de abstrações o algoritmo deve processar.

2.6 IDENTIFICADORES

Vamos começar com um problema numérico simples. Digamos que você precise fazer um programa que calcule a área de um triângulo. Você sabe a fórmula. Para calcular a área de um triângulo você precisa do valor de sua base e de sua altura. Com estes dados, você é capaz de calcular a área.

Isso nos leva ao primeiro conceito importante.

Um algoritmo manipula **dados**, ou seja, informações, mas devemos formalizar como é possível representar uma informação no seu algoritmo. Lembre-se de que eu disse que dados são abstrações. Você é quem deve dizer ao computador o que essas abstrações significam. Cada dado manipulado será representado por um **nome** que chamamos de **identificador**. Assim, um identificador é um nome que identifica de forma inequívoca as abstrações que você cria dentro de um algoritmo.

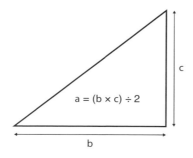

Figura 2.4 Cálculo da área de um triângulo.

Capítulo 2

Todo objeto manipulado por seu programa, ou seja, todas as abstrações que você criar, precisam possuir um identificador único. Esses objetos podem ser variáveis, constantes, funções e até mesmo o próprio algoritmo.

Variáveis são entidades que armazenam dados e esses dados podem mudar de valor durante a execução de um programa. A cada instante uma variável só pode assumir um valor.

Constantes, como o nome indica, são entidades que não mudam de valor durante a execução do algoritmo. Por exemplo, para calcular a área de um círculo você deve criar uma constante com o valor de π.

Os novatos têm sempre a tentação de escolher nomes para os identificadores com apenas uma letra. Dessa forma, as variáveis são chamadas **a, b, c, x, y**.... Essa não é uma boa prática. Os identificadores devem ser escolhidos de maneira que representem a função que os objetos desempenham no programa. Veja o exemplo seguinte de uma expressão aritmética.

$$a \leftarrow (b \times c) \div 2 \qquad\qquad \text{Eq. 2.1}$$

Na expressão da equação 2.1, o símbolo $\leftarrow$ significa que o valor do cálculo da expressão à direita será atribuído à variável à esquerda. A forma geral de uma atribuição é:

$$identificador \leftarrow expressão \qquad\qquad \text{Eq. 2.2}$$

em que **identificador** é um nome de variável, e **expressão** é um valor literal, um cálculo, uma chamada a funções ou qualquer combinação desses elementos que você possa imaginar.

O que essa expressão e esses nomes significam? Nesse caso, os nomes das variáveis não têm muito significado, são apenas letras. Sabemos que atribuímos à variável a o valor da divisão por 2 do resultado da multiplicação de b por c. Fora do contexto do cálculo da área do triângulo, esses nomes dizem muito pouco. Mas, e se escrevêssemos a mesma expressão com outros nomes de variáveis?

$$areaTriangulo \leftarrow (baseTriangulo \times alturaTriangulo) \div 2 \qquad \text{Eq. 2.3}$$

Agora tudo mudou! É verdade que escrevemos bem mais, porém nossa compreensão do que esta expressão representa aumentou consideravelmente. Para qualquer pessoa que leia esta expressão, mesmo fora de contexto, fica evidente que a expressão faz o cálculo da área de um triângulo, e mais, sabemos exatamente como esse cálculo é feito a partir da base e da altura do triângulo.

Como estamos limitados aos caracteres ASCII, alguns símbolos não poderão ser digitados no teclado do seu computador. Portanto, devemos fazer algumas simplificações na equação 2.3 para podermos digitar: o símbolo de atribuição $\leftarrow$ será substituído pelo símbolo de igual (=), o símbolo de multiplicação $\times$ pelo asterisco (*), e o símbolo de divisão $\div$ pela barra inclinada (/), de modo que a equação fique assim:

$$areaTriangulo = (baseTriangulo * alturaTriangulo) / 2 \qquad \text{Eq. 2.4}$$

Com relação aos nomes usados pelos identificadores, na verdade, o mais importante é que você escolha nomes que sejam compreensíveis e fáceis de ler. Isto não necessariamente implica um nome grande e completo. Você pode usar nomes mais curtos, desde que seu significado seja evidente dentro do contexto de seu programa. Assim, a expressão acima seria muito bem substituída pela expressão mais sucinta:

$$areaTriang = (base * altura) / 2.$$

Podemos perceber algumas características que diferenciam este nome das palavras em português. A primeira característica evidente é que juntamos as palavras. Quando definimos identificadores não podemos usar espaços em branco. Seria confuso decifrar se uma sequência de palavras representa uma ou diversas variáveis.

Também não usamos acentuação. A maioria das linguagens de computador trabalha com um conjunto limitado de caracteres, a partir da tabela ASCII (veja Seção 1.7). O conjunto de caracteres ASCII não possui caracteres acentuados nem cedilha; por isso ficamos limitados na nossa escolha de nomes.

Algumas regras devem ser, portanto, respeitadas no momento da escolha de nomes usados pelos identificadores para um algoritmo ou programa:

1. O nome de uma variável pode conter letras maiúsculas ou minúsculas, números e alguns símbolos.
2. Não pode começar com número.
3. Não pode conter espaços ou símbolos que possam representar uma operação sobre os dados. Alguns símbolos são permitidos, porém algumas linguagens reservam certos símbolos e deste modo você não deve usá-los nos nomes de variáveis.

Alguns exemplos de nomes válidos:

1. `base`
2. `altura`
3. `_altura`
4. `altura1`
5. `parede3lados`
6. `parede_reta`
7. `ParedeReta04`

Os seguintes nomes não seriam válidos como identificadores:

1. `3base` (começa com dígito)
2. `altura principal` (espaço em branco no meio do nome)
3. `altura1+` (usa sinal de operação)
4. `triângulo` (usa caractere acentuado)

Capítulo 2

Dica 2.5 – Uma atribuição não é o mesmo que a igualdade na Matemática.

Você está acostumado a usar o símbolo de igualdade em expressões matemáticas. Em um algoritmo ou programa de computador, o funcionamento do símbolo = é diferente. Por exemplo, você pode se deparar com uma expressão do tipo:

$$x = x + 1$$

Se fosse uma expressão matemática, fazendo as manipulações algébricas comuns, você chegaria à conclusão absurda de que 0 = 1! Não é este o caso. Em um programa, o símbolo de igualdade significa uma atribuição da expressão que está do lado direito à variável que está do lado esquerdo.

Na expressão acima, devemos compreender o x do lado direito como o valor de x no momento atual de execução do programa, e o x da esquerda como o valor que este vai assumir depois de feito o cálculo da expressão da direita. Assim, se o valor de x fosse 5 no momento anterior à execução, após o cálculo seu valor passaria a ser 6.

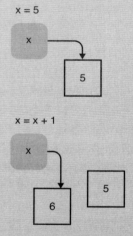

Para você se acostumar com este tipo de notação, em vez de ler a expressão "$x = x + 1$" como se fosse uma expressão matemática ("*xis é igual a xis mais um*"), leia o comando do algoritmo como "*xis recebe o valor de xis mais um*". Isto irá ajudá-lo a não confundir expressões computacionais com expressões matemáticas.

Dica 2.6 – Facilite a leitura, não a escrita.

Você escreve um programa uma vez, mas o programa será lido diversas vezes. Em vez de facilitar a escrita de programas, pense em facilitar sua leitura. Além das regras citadas anteriormente, podemos seguir algumas convenções que facilitarão a leitura de programas.

O que você acha do seguinte nome de variável?

```
umnomedevariavellongoedificildeler
```

e se o nome fosse:

```
umNomeDeVariavelLongoMasFacilDeLer
```

ou talvez:

```
um_nome_de_variavel_longo_mas_facil_de_ler
```

Bases da Programação

Há diversas maneiras de se escrever o nome de uma variável para torná-lo mais fácil de ler. Com um nome composto, você pode separar cada palavra pelo caractere sublinha, ou pode usar a chamada notação *camel case*. O nome vem do inglês e faz uma analogia com a corcova do camelo, cada letra maiúscula lembrando uma corcova. Aparentemente o pessoal da Computação gosta de animais: a convenção de usar sublinhas para separar palavras é chamada de *snake case*, uma analogia com cobras. O *camel case* pode ser usado de duas formas, com a primeira letra do nome minúscula, quando é chamado de *lowerCamelCase*, ou maiúscula, quando é chamado de *UpperCamelCase*. A Tabela 2.2 resume esses métodos.

Tabela 2.2 Tipos de convenções para nomes

Nome	Exemplo
lowerCamelCase	umNomeComposto
UpperCamelCase	UmNomeComposto
snake	um_nome_composto

Alguns nomes de variáveis não estão errados, mas como algumas linguagens de programação vão usá-los para fins especiais, devemos evitá-los. Como estamos escrevendo em português, dificilmente um nome que você escolha será algum nome reservado pelas linguagens de programação, pois a quase totalidade baseia-se no inglês. Também é preciso ler a especificação da linguagem para saber quais caracteres não são permitidos em nomes de variáveis.

Dica 2.7 – Seja coerente.

Uma vez que você tenha decidido qual formato usar para os nomes de suas variáveis e constantes, use o mesmo para todos os nomes. Isso cria uma unidade em seu programa e mostra seu estilo de programação. Os programadores de determinada linguagem de programação podem adotar um padrão informal de nomes. Fica a seu critério seguir ou não a maioria. Nada impede que você mude o formato entre programas diferentes, mas dentro de um mesmo programa, não mude seu estilo.

Existe uma tendência atual de considerar o estilo *CamelCase* mais "elegante", porém um estudo mostrou que o estilo *snake* permite uma maior rapidez na identificação de nomes dentro de um programa, sendo, portanto, mais indicado para novatos em programação[SM10].

EXERCÍCIO 2.8

Reescreva de forma correta os seguintes identificadores:

1. duas+palavras

2. 123var

3. campo minado

4. var?

5. Número

Capítulo 2

2.6.1 IDENTIFICADORES EM PYTHON

Em Python, os nomes, ou identificadores das variáveis, são sensíveis às letras maiúsculas e minúsculas, isto é, Python diferencia se você escreve o nome de uma variável com letra maiúscula ou minúscula. A expressão usada em inglês para isso é *case sensitive*. Esta expressão não tem uma tradução direta em português. Alguns usam *sensível ao caso*, em um aportuguesamento que pode confundir, ou sensível à capitalização, que também confunde com outra palavra em português que não tem o mesmo sentido. De qualquer forma, isto quer dizer que os identificadores

```
umNomeQualquer,
UmNomeQualquer e
UMNomeQualquer
```

representam três entidades diferentes em Python.

> **Dica 2.8** – Não use nomes cuja única diferença seja o uso de letras maiúsculas e minúsculas.
>
> Apesar de muitas linguagens fazerem essa distinção, não é uma boa prática usar identificadores de entidades distintas cuja única diferença seja a caixa das letras. Uma convenção usada em algumas linguagens é não usar letras maiúsculas para nomes de variáveis. Mas isso não é suficiente. Ao usar palavras iguais, diferenciadas apenas pelo uso do tipo de letras, você será obrigado a se lembrar sempre da entidade que está sendo manipulada. A possibilidade de erro aumenta e é melhor evitar essa possível confusão.

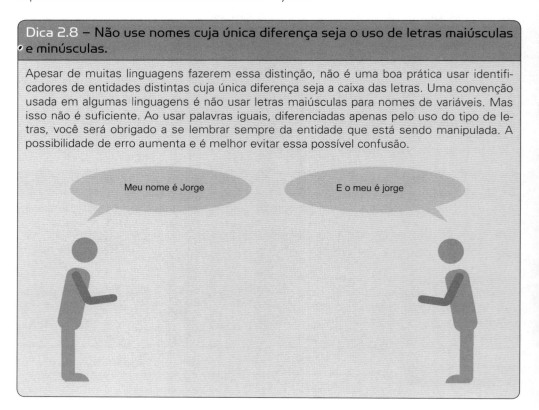

Em Python, ao atribuir com o sinal = um valor qualquer a um identificador de variável,

```
x = 1;
```

você está criando um *objeto* na memória com o valor 1 e x é uma referência a esta região da memória. Um identificador é uma referência a um valor; a representação mais próxima seria uma referência para a localização do valor 1 na memória.

Se você em seguida atribui o valor 2 a x:

x = 2;

Python abandona a antiga referência a 1 e cria uma nova, indicando o valor 2:

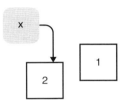

Aqui há uma sutileza. Note que Python não substituiu o valor 1 pelo valor 2 na memória. Criou outra região de memória, escreveu ali o valor 2 e fez x referenciar esta nova região, deixando a antiga região de memória sem nenhuma referência.

Quando um objeto na memória fica sem nenhuma referência, a memória que o objeto ocupa é devolvida para o sistema, que pode reutilizá-la. O objeto assim desaparece de vez da memória. Esse mecanismo é conhecido como **coleta de lixo**. Para Python, toda memória sem referência é considerada lixo e será devolvida ao sistema como memória livre para ser reutilizada. Ao criar uma nova variável y atribuindo x à mesma,

y = x;

os dois referenciam o mesmo objeto na memória:

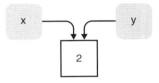

Se, em seguida, você atribui novo valor a x:

x = 3;

Python cria um novo objeto na memória e faz x apontar para esse objeto:

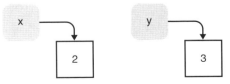

Como pode ser notado, para todos os efeitos, o resultado até aqui é exatamente como se houvesse caixas para os valores e que substituímos simplesmente os valores dentro dessas caixas (veja dica 2.9), mas é importante entender esse funcionamento

Capítulo 2

de Python, pois não será assim para toda variável. Algumas vezes será importante entender que identificadores são referências a objetos dentro da memória, e que esses objetos não podem ser modificados.

> ### Dica 2.9 – Identificadores em outras linguagens.
>
> Linguagens como C definem o conceito de "variável" de forma semelhante a Python, porém sua execução na memória se faz de maneira diferente. Podemos pensar que um nome de variável em C é uma caixa que contém um valor. O sinal de igual (=) é usado para fazer uma atribuição de um valor a uma variável. Assim, quando você faz, em um programa C, uma definição do tipo:
>
> ```
> int x = 1;
> ```
>
> você está criando uma variável x, que pode ser representada por uma caixa, e colocando o valor inteiro 1 nessa caixa.
>
>
>
> Neste momento, a caixa x contém o valor 1. Em seguida, ao fazer uma atribuição de outro valor, por exemplo 2,
>
> ```
> x = 2;
> ```
>
> este novo valor vai ocupar a mesma caixa em que estava 1, apagando o valor antigo. Essa caixa fica com o novo valor:
>
>
>
> Se criamos uma nova variável y e atribuímos o valor de x a essa variável,
>
> ```
> y = x;
> ```
>
> ficamos com duas caixas:
>
>

Fato 2.1 – Palavras reservadas.

Algumas palavras são reservadas por Python. Essas palavras já são usadas pela linguagem de programação, de modo que se você utilizasse alguma, iria causar confusão para o interpretador Python. São poucas, e sendo em inglês fica ainda mais improvável que você as utilize, mas é bom estar atento. Trata-se de:

```
False       class       finally     is          return
None        continue    for         lambda      try
True        def         from        nonlocal    while
and         del         global      not         with
as          elif        if          or          yield
assert      else        import      pass
break       except      in          raise
```

Bases da Programação

2.7 DADOS

Um programa manipula **dados**, que fornecem informações relevantes sobre os problemas tratados por esse programa. Um dado é uma abstração lembre-se, dentro de um computador só existem zeros e uns. A linguagem define como os dados serão interpretados pelo seu programa.

Além de um identificador, um dado possui também um tipo. Quais tipos de dados um programa pode manipular? Nesta seção apresento alguns conceitos úteis sobre os tipos de dados manipulados por um algoritmo ou programa. Vamos começar a ver também como podemos usar esses conceitos em programas reais escritos em Python.

2.7.1 DADOS NUMÉRICOS

O tipo de dados mais óbvio que é manipulado por um programa é o **dado numérico**. Porém, mesmo entre os dados numéricos temos diferentes famílias. Números podem ser **inteiros** ou **reais**. Entre os números reais, a forma de representá-los também varia entre a **notação de ponto flutuante** e a **notação científica**. A Tabela 2.3 resume os tipos de dados numéricos que podemos manipular em um programa.

Tabela 2.3 Tipos numéricos

Tipo	Exemplo
Inteiros	6 7 −5
Real Ponto Flutuante	5.3 6.00 3.4 −41.2
Real Notação Científica	0.24×10^{12}

Python define os tipos numéricos inteiro, ponto flutuante e complexo. Tipos booleanos, ou seja, aqueles que só podem ter valores **true** (verdadeiro) ou **false** (falso) são considerados subtipos de inteiros.

Voltando ao programa que calcula a área de um triângulo, temos várias maneiras possíveis de executar esta tarefa. Podemos aplicar a fórmula da Seção 2.4 diretamente e imprimi-la. Vamos dar a este programa o nome de `area_triangulo_v1.py`. Note que você deve especificar que este arquivo tem uma extensão ".py", indicando que é um programa escrito em Python. Também o nome escolhido indica o que o programa faz, isso não é obrigatório, mas ajuda para saber qual a finalidade do programa, mesmo sem ver o seu conteúdo. Finalmente, usei "v1" para lembrar que é minha primeira versão do programa.

```
print ((5*6)/2)
```

■ **Programa 2.3: area_triangulo_v1.py.**

Os parênteses indicam que a multiplicação é realizada antes da divisão, ou seja, indicam uma prioridade de execução. No caso em questão, os parênteses não são necessários,

Capítulo 2

pois não importa a ordem na qual as operações são realizadas, mas, em outras situações, os parênteses servem para determinar a ordem em que as operações de uma expressão serão executadas. O resultado da execução é o que esperamos:

```
$ python3 area_triangulo_v1.py
15.0
```

■ **Programa 2.3a: Execução de area_triangulo_v1.py.**

Convenhamos: esta versão é péssima. Calcula a área de um triângulo cujas base e altura são 5 e 6 e só. Podemos melhorar este programa criando uma variável para a área. Em nossa segunda versão vamos também escrever uma mensagem antes de imprimir o valor do cálculo:

```
area_triang = (5*6)/2
print ('A área do triângulo é ', area_triang)
```

■ **Programa 2.4: area_triangulo_v2.py**

Em Python podemos especificar textos entre aspas simples ou duplas. O mesmo efeito seria obtido com "A área do triângulo é ". O resultado obtido:

```
$ python3 area_triangulo_v2.py
A área do triângulo é 15.0
```

■ **Programa 2.4a: Execução de area_triangulo_v2.py.**

Melhorou, mas pode ficar ainda melhor. Vamos criar identificadores para tudo que possa variar, pois, se quisermos mudar os valores da base ou da altura do triângulo, vai ser muito mais simples.

```
base = 5
altura = 6
area_triang = (base*altura)/2
print ('A área do triângulo com base', base,
       'e altura',altura, 'é', area_triang)
```

■ **Programa 2.5: Execução de area_triangulo_v3.py.**

E resultado:

```
$ python3 area_triangulo_v3.py
A área do triângulo com base 5 e altura 6 é 15.0
```

■ **Programa 2.5a: Execução de area_triangulo_v3.py.**

Repare como a linha impressa foi quebrada em duas linhas no programa fonte. Repare também que o resultado foi impresso como um número real e não inteiro. A operação de divisão resultou em um valor de ponto flutuante. Python identifica corretamente que, apesar de os operandos serem inteiros, o resultado deve ser dado com ponto flutuante. Se quisermos uma resposta somente com inteiros, teríamos de usar a operação // que indica uma divisão inteira.

As operações com números em Python estão apresentadas na Tabela 2.4. As 4 operações básicas não precisam de explicação. A divisão inteira dá apenas resultados inteiros. A operação de resto, indicada por %, fornece o resto da divisão inteira e a exponenciação, na forma $x**y$, fornece o resultado de x^y.

Tabela 2.4 Operações numéricas básicas

Operação	Símbolo	Exemplo	Resultado
adição	+	3 + 2	5
subtração	–	3 – 2	1
multiplicação	*	3 * 2	6
divisão	/	3 / 2	1,5
divisão inteira	//	3 // 2	1
exponenciação	**	3 ** 2	9
resto	%	3 % 2	1

Dica 2.10 – Cuidado com a divisão inteira de números negativos.

Qual o valor de x depois de executada a expressão

```
x = -3 // 2 ?
```

Você sabe que `3 // 2` tem resultado 1, ou seja, é o resultado inteiro da divisão, ignorando as casas decimais. Se você responder rapidamente, pode pensar que o resultado da expressão com número negativo seria `-1`. Esta resposta estaria certa em muitas linguagens de programação, notadamente C, mas não é isso o que acontece em Python. Enquanto a maioria das linguagens arredonda o valor da divisão inteira em direção ao valor zero, Python arredonda o valor em direção ao $-\infty$ ("menos" infinito).

Este comportamento tem uma razão matemática. Pense na operação de divisão entre números inteiros, que gera um quociente e um resto:

$$dividendo \div divisor \Rightarrow quociente + resto$$

Assim, temos que:

$$divisor \times quociente + resto \Rightarrow dividendo$$

Com números positivos, a conta é simples:

```
3  // 2 ⇒ 1 + 1
```

pois

```
2 * 1 + 1 ⇒ 3
```

Mas, o que acontece se usarmos um número negativo?

```
-3 // 2 ⇒ -2 + 1
```

pois

```
2 * (-2) + 1 ⇒ -3
```

Dessa maneira, a divisão inteira de –3 por 2 é igual a –2.

Capítulo 2

EXERCÍCIO 2.9

→ Faça um programa em Python que calcule a área de um quadrado.

EXERCÍCIO 2.10

→ Faça um programa em Python que calcule o número de segundos após a meia-noite. Crie identificadores para hora, minuto e segundo.

2.7.2 GRANDES INTEIROS EM PYTHON

Um inteiro em Python tem tamanho infinito, apenas limitado pela memória disponível. Se você cria uma variável com um valor inteiro pequeno, Python vai ligar esta variável ao tipo inteiro simples, cujo valor máximo é determinado pelo processador que seu computador utiliza. Se o valor referenciado por esta variável crescer muito, além da capacidade do inteiro simples, Python automaticamente passa a referenciar, com esta variável, um inteiro longo, que possui número infinito de dígitos. As operações com inteiros longos são mais lentas que aquelas com inteiros simples e esta deverá ser a única diferença que você vai notar durante a execução do seu programa.

Essas características dos inteiros longos é um grande diferencial de Python sobre outras linguagens. Enquanto você tem que encontrar meios alternativos para trabalhar com grandes inteiros na maioria das linguagens de programação, em Python é possível fazer seu programa sem se preocupar com limites dos inteiros.

Vamos então fazer um exemplo simples com números inteiros realmente longos. Vamos calcular o tamanho do Universo observável em milímetros para testar essa capacidade de Python em manipular grandes números. Como você pode imaginar, o resultado deve dar um número bem grande. Obviamente, este não é um resultado prático. É impossível ter esta precisão na medida do Universo. Mas é um pretexto divertido para testar os limites de Python (ou a sua falta).

Os astrônomos estimam que nosso Universo tem aproximadamente 93 bilhões de anos-luz. Um ano-luz é a distância que a luz percorre em 1 ano. Sabendo que a velocidade da luz é de 299 792 458 metros por segundo, qual é o tamanho do Universo observável em milímetros? Vamos criar um programa para fazer este cálculo.

Não vamos, no entanto, escrever diretamente o programa. Vamos começar por um algoritmo. Primeiro uma prosa, só para começar a organizar a solução:

```
Algoritmo que calcula o tamanho do Universo em milímetros:

O tamanho do Universo em milímetros é igual ao tamanho do Universo
em anos-luz vezes a velocidade da luz em mm/s vezes a quantidade de
segundos em um ano.
```

Quais são os dados que já possuímos? Sabemos o tamanho do Universo em anos-luz: 93 000 000 000. A velocidade da luz em milímetros por segundo é fácil de obter e não precisa de cálculo. Como 1 metro tem 1000 milímetros, a velocidade da luz em milímetros por segundo é igual a **299 792 458 000**. Falta saber quantos segundos tem um ano. Podemos escrever nossa primeira versão do algoritmo:

```
Algoritmo que calcula o tamanho do Universo em milímetros:
velocidade_luz_em_mms = 299 792 458 000
Calcule quantos segundos tem um ano
tamanho_universo_em_anosluz = 93 000 000 000
tamanho_universo_em_mm = tamanho_universo_em_anosluz
                         * velocidade_luz_em_mms
                         * segundos_em_1ano
Imprima tamanho_universo_em_mm
```

Veja que não tentei resolver cada detalhe do problema de uma só vez. Em vez disso, dividi o problema maior em subproblemas menores. Este método, chamado de refinamentos sucessivos, permite que partamos de uma solução bem genérica, impossível de implementar diretamente como um programa, até chegar a uma solução com detalhes suficientes para ser implementada. Falta então resolver o problema de calcular quantos segundos tem um ano. Poderíamos fazer este cálculo nós mesmos, ou criar um algoritmo também para isso:

```
segundos_por_min = 60
segundos_por_h = 60 * segundos_por_min
segundos_por_dia = 24 * segundos_por_h
segundos_por_ano = 365 * segundos_por_dia
```

Agora substituímos o cálculo dos segundos por ano no algoritmo do tamanho do Universo:

```
Algoritmo que calcula o tamanho do Universo em milímetros:
velocidade_luz_em_mms = 299 792 458 000
segundos_por_min = 60
segundos_por_h = 60 * segundos_por_min
segundos_por_dia = 24 * segundos_por_h
segundos_por_ano = 365 * segundos_por_dia
tamanho_universo_em_anosluz = 93 000 000 000
tamanho_universo_em_mm = tamanho_universo_em_anosluz
                         * velocidade_luz_em_mms
                         * segundos_em_1ano
Imprima tamanho_universo_em_mm
```

A tradução para Python é imediata:

```
#Programa que calcula o tamanho do Universo em milímetros.
tamanho_universo = 93000000000 #em anos-luz
#Cálculo da quantidade de segundos em 1 ano
segundos_por_min = 60
segundos_por_h = 60 * segundos_por_min
segundos_por_dia = 24 * segundos_por_h
segundos_por_ano = 365 * segundos_por_dia
velocidade_luz_em_mms = 299792458000
tamanho_universo_mm = tamanho_universo \
                          * velocidade_luz_em_mms \
                          * segundos_por_ano
print ("O Universo tem aproximadamente",
       tamanho_universo_mm, "milímetros.")
```

■ **Programa 2.6: universo.py.**

Capítulo 2

No algoritmo, separei os números em grupos de 3 dígitos, para facilitar a leitura. Em um programa, este não é um recurso válido. O resultado da execução é mostrado no Programa 2.6a.

```
O Universo tem aproximadamente
87924571086038400000000000000000 milímetros.
```

■ **Programa 2.6a: Execução de universo.py.**

Este programa nos permite apresentar duas características de Python: comentários e comandos que ultrapassam a extensão de uma linha. O caractere "**#**" inicia um comentário e tudo até o fim da linha fará parte deste caractere. Comentários não são processados pelo interpretador Python. Servem como lembretes ao leitor, esclarecendo algum aspecto do programa.

Dica 2.11 – Faça comentários relevantes.

Quando comentar seu programa, procure fazer comentários que realmente esclareçam algum aspecto do seu programa. Um programa bem escrito deve ser claro para o leitor, sem precisar de muitos comentários.

No início de cada algoritmo sempre é útil colocar um comentário explicando o que será feito. Trechos que podem ter algum código mais obscuro também merecem ser comentados, porém é sempre melhor tentar escrever seu código de maneira que o comentário seja dispensável. Escolhendo nomes significativos de variáveis e dividindo expressões complexas em partes mais simples, você pode reduzir muito a necessidade de comentários.

Se você sentir necessidade de escrever muitos comentários explicando seu código, pergunte a si próprio se o código não poderia ser escrito de forma mais clara. Um exemplo evidente é o código do cálculo de área de um triângulo:

```
a = (b * c)/2 # Calcula a área de um triângulo
```

A versão com nomes relevantes de variáveis dispensa o uso de comentários:

```
area_triangulo = (base * altura)/2
```

Também não crie comentários que repitam aquilo que o código faz. Por exemplo, o comentário a seguir é totalmente desnecessário:

```
x = x + 1  # soma 1 a x
```

Resumindo, comentários são úteis em um programa, mas sempre é preferível ter um código claro, com poucos ou nenhum comentário, do que ter um código confuso que demande muitos comentários para ser compreendido.

Também note a atribuição:

```
tamanho_universo_mm = tamanho_universo \
                * velocidade_luz_em_mms \
                * segundos_por_ano
```

Quando um comando em Python tiver de ser continuado nas linhas seguintes, é necessário terminar cada linha com uma contrabarra (\). Isso avisa ao interpretador Python que a linha ainda não terminou e que a linha seguinte é a continuação do comando. Se esta contrabarra não for usada, a linha seguinte será interpretada como um novo comando e irá provocar um erro no interpretador.

Bases da Programação

Para terminar esta seção, vamos melhorar a saída do programa. Fica difícil ler um número tão grande. Gostaríamos de usar algum separador entre os milhares do número, para tornar mais legível o resultado. Python permite uma formatação de números. Na realidade, o comando de formatação é bem poderoso, mas temos que mudar a maneira de imprimir. O comando é o "format()". No caso específico dos separadores de milhar, enquanto no Brasil usamos o ponto, nos países de língua inglesa é usada a vírgula. Isso cria um problema para nós. Não é possível usar o ponto no comando format. A solução, ainda com vírgulas, é:

```
print ("O Universo tem aproximadamente",
       "{:,} milímetros.".format(tamanho_universo_mm))
```

O comando format em Python irá substituir em uma cadeia de caracteres o que estiver entre chaves. A formatação é dada pelo código entre as chaves. No caso, o comando diz para o format usar a vírgula como separador de milhares. Execute e veja o resultado. No *site* do livro, apresento outros comandos de formatação úteis para serem usados em números.

EXERCÍCIO 2.11

O Universo surgiu há cerca de 14 bilhões de anos. Escreva um programa Python que calcule quantos segundos se passaram desde esse momento.

EXERCÍCIO 2.12

Um número realmente grande é um *googol*. Em 1938, o matemático Edward Kasner pediu ao seu sobrinho de 8 anos que inventasse um nome para um número muito grande. Assim nasceu o *googol*. Como você deve estar desconfiando, esse número deu origem ao nome de uma grande empresa da Internet. Um *googol* corresponde a 10^{100}. Escreva um programa em Python que imprima um *googol*. Lembre-se de que a exponenciação em Python é representada por **.

EXERCÍCIO 2.13

Um **googolplexo** é dez elevado a um googol (10^{googol}). Escreva um programa que imprima um googolplexo. Não execute! Este programa trava. Por quê?

2.7.3 NÚMEROS COM PONTO FLUTUANTE

Por vezes, números inteiros não bastam, precisamos usar números reais de ponto flutuante em algum cálculo. Normalmente, os processadores têm uma parte dedicada somente aos cálculos em ponto flutuante. Isso torna os cálculos extremamente rápidos. Jogos de computador, por exemplo, com seus gráficos sofisticados, exigem muitos cálculos em ponto flutuante e têm de ser executados o mais rápido possível, senão o jogo fica lento, perdendo seu interesse. Você já deve ter sentido isso, se alguma vez tentou jogar um jogo com gráficos muito "pesados" em um computador que não fosse adequado.

63

Capítulo 2

Um jogo gráfico seria muito complexo para apresentar os números de ponto flutuante. Para nossos objetivos, o exemplo de cálculo do tamanho do Universo é bem didático.

Um ano não tem exatos 365 dias. Na realidade tem 365,25. No Programa 2.6 podemos simplesmente substituir o valor relativo ao número de dias de um ano para obter um resultado com um número real de ponto flutuante. Modificando a linha de cálculo de segundos por ano, por:

```
segundos_por_ano = 365.25 * segundos_por_dia
```

obtemos:

```
O Universo tem aproximadamente 8.798479339500143e+29 milímetros.
```

O valor final foi modificado pelo acréscimo da fração do dia, mas o formato de saída também foi alterado para refletir o uso de números em ponto flutuante. Apesar de omitido na representação, fica subentendida a base dez para o exponencial. Assim, `8.798479339500143e+29` é o mesmo que $8.798479339500143 \times 10^{+29}$.

Devemos ter atenção redobrada quando trabalhamos com números de ponto flutuante. Na Seção 1.6, mostrei que nem todo número em ponto flutuante pode ser representado corretamente na base binária. No programa do cálculo do tamanho do Universo, ao usar um número com casas decimais, podemos ter inserido algum erro. Vamos reescrever o programa usando apenas números inteiros. Isso é fácil. Basta multiplicar 365,25 por 100. Seu valor passa a ser 36525, e o resultado agora será fornecido em centésimos de milímetros. No resultado final teremos dois zeros a mais. Deste modo, o comando fica:

```
segundos_por_ano = 36525 * segundos_por_dia
```

e o resultado,

```
879847933950014400000000000000000.
```

Percebeu a diferença? O último dígito antes da sequência de zeros é 4, enquanto ao ser calculado com números reais, esse dígito era 3. O resultado em inteiros está multiplicado por 100. Se quisermos obter o resultado novamente em milímetros, devemos dividi-lo por 100. Assim, substituindo a linha da impressão por

```
print ("O Universo tem aproximadamente",
       tamanho_universo_mm/100, "milímetros.")
```

o resultado agora é:

```
8.798479339500145e+29 milímetros.
```

Nova mudança no resultado. Agora o dígito antes da sequência de zeros é 5. Fazendo teoricamente o mesmo cálculo, obtivemos três resultados diferentes. Não precisamos trabalhar com números tão grandes para ver o resultado do erro de conversão entre números reais e binários. Veja o Programa 2.7.

```
print ( 0.1, "+", 0.2 ,"=", 0.1 + 0.2)
```

■ **Programa 2.7: erropf.py.**

Bases da Programação

A execução deste programa simples fornece:

```
0.1 + 0.2 = 0.30000000000000004
```

Obviamente, o resultado está errado. Isto não é um erro de Python, mas uma consequência da representação de números decimais de ponto flutuante com dígitos binários. Aqui existe um fato que talvez você desconhecesse: o computador, que você considerava senhor dos números, comete erros básicos nas contas. Mas isto não é motivo para que você não use números reais de ponto flutuante. Em algumas situações esses números são inevitáveis e o resultado será correto. Na maior parte das situações o erro não é relevante e um arredondamento do resultado será plenamente satisfatório. O resultado do Programa 2.7 será correto se for apresentado com uma ou duas casas decimais.

Você já está acostumado com imprecisões dos números reais decimais. A fração 1/3 não tem uma representação exata na base dez. Pode ser 0,3, 0,33 ou 0,333. Não importa quantas casas decimais você use, nunca será igual a 1/3.

É um fato matemático. Algumas frações não podem ser representadas de maneira exata como números de ponto flutuante. Toda base numérica, seja decimal ou binária, terá essa característica. A confusão aparece porque as frações das duas bases não são as mesmas. Assim, na base 10 a imprecisão aparece com 1/3, mas não com 1/10.

A solução de usar aritmética com números inteiros, multiplicando os números por potências de 10 até eliminar todas as casas decimais, nem sempre é uma boa ideia. Você teria que fazer modificações nos seus algoritmos e nesse processo poderia inserir erros. Além disso, nem toda linguagem de programação trabalha com inteiros ilimitados, como Python. Os resultados também teriam de ser vigiados para se adequarem a essa aritmética exclusiva de inteiros.

O que quero que você entenda é que devemos usar números reais de ponto flutuante com cuidado. A precisão de computadores nos cálculos é uma disciplina à parte, na qual são analisadas técnicas para trabalhar da maneira mais eficiente e corretamente possível com as limitações do computador quanto aos cálculos numéricos. Não está no escopo deste livro apresentar essas técnicas, mas se a precisão de cálculos matemáticos é essencial a seus programas, você terá de estudá-las.

Dica 2.12 – Python tem números imaginários.

Python é uma das poucas linguagens de programação que fornece números imaginários diretamente como um tipo básico da linguagem. Um número imaginário i é definido como a raiz quadrada de -1 ($i^2 = -1 \Rightarrow i = \sqrt{-1}$).

Para definir um número imaginário em Python, basta terminar um número literal qualquer com a letra j ou J:

$$x = 5j$$

Para criar um número complexo, basta escrever sua parte real acompanhada de sua parte imaginária, com j:

$$x = 1 + 5j$$

Capítulo 2

> **EXERCÍCIO 2.14**
>
> → Vamos supor que podemos dobrar uma folha de papel quantas vezes quisermos. Essa folha tem espessura de 0,1 mm. Depois de a dobrarmos 107 vezes, qual seria sua altura? Lembre-se de que a cada dobradura, a espessura dobra. Crie um programa que execute e imprima este cálculo.

> **EXERCÍCIO 2.15**
>
> → Faça um programa que dê o resultado do exercício anterior em metros, quilômetros e anos-luz.

2.7.4 DADOS NÃO NUMÉRICOS

Os primeiros computadores eram máquinas devoradoras de números. Mas logo se percebeu que poderiam ir além do processamento numérico.

Um aspecto essencial para o desenvolvimento de algoritmos é a tomada de decisões. Não basta apenas calcular, o computador deve também fazer escolhas, e para tanto precisa processar entidades lógicas bem simples, que possam expressar os conceitos de verdadeiro e falso. Nas linguagens de programação esses conceitos vão ser referenciados pelas palavras em inglês: **True** e **False**, ou pelos valores 1 e 0, respectivamente.

Valores lógicos surgem de operações lógicas. Também chamamos esses valores de booleanos, em homenagem ao matemático do século XIX George Boole. Uma das operações mais comuns é o teste de igualdade. Frequentemente vamos testar se duas variáveis têm o mesmo valor e, de acordo com o resultado, tomar alguma decisão que irá alterar o fluxo de execução de nosso algoritmo. Se quisermos saber se a variável x é igual à variável y e executar alguma ação de acordo com o resultado, em um algoritmo podemos escrever:

```
se x é igual a y:
    execute comando
```

ou podemos usar o símbolo de igual:

```
se x = y:
    execute comando
```

mas aqui surge um problema. Muitas linguagens de programação usam o símbolo de igual para a atribuição. Se você usar o mesmo símbolo para o teste de igualdade, vai acabar cometendo o erro de fazer uma atribuição em vez de testar duas variáveis. Com a finalidade de evitar essa confusão, muitas linguagens usam o sinal de igual duplo (==). Em Python, ficaria:

```
if x == y:
```

Voltarei a falar sobre testes e lógica booleana nos próximos capítulos, quando estudarmos tomada de decisões. Por enquanto, é suficiente entender que essas estruturas permitem um desvio no fluxo normal de execução de um algoritmo.

George Boole (1815-1864)

George Boole foi um matemático inglês do século XIX, criador dos fundamentos da hoje chamada Álgebra Booleana. Em seu trabalho, introduziu o uso de símbolos para processar entidades lógicas. Estas entidades só podem assumir os valores 0 (falso) e 1 (verdadeiro). As funções básicas da Álgebra Booleana são **E**, **OU** e **complemento**. Se A e B são proposições, a expressão lógica A ∧ B é uma proposição verdadeira se A *e* B o forem, e é uma proposição falsa, caso contrário; A ∨ B é uma proposição verdadeira se A *ou* B o forem, e falsa, caso contrário; ¬A é uma proposição verdadeira se A for falsa, e falsa se A for verdadeira. A partir dessas simples funções, Boole desenvolveu a lógica que é atualmente a base dos computadores digitais.

Figura 2.5 George Boole. Fonte: wikimedia.org.

Python possui operadores de comparação que fornecem resultados booleanos: <, <=, >, >=, ==, !=. A Tabela 2.5 apresenta o significado de cada operador.

Tabela 2.5 Operadores de comparação

Teste	Símbolo
menor que	<
menor ou igual que	<=
maior que	>
maior ou igual que	>=
igual a	==
diferente de	!=

Capítulo 2

O Programa 2.8 apresenta alguns desses operadores e o Programa 2.8a mostra o resultado de sua execução. Note que podemos atribuir o resultado de uma comparação a uma variável e depois usar este valor no programa (comp_x_z = x != z).

```
x = 1
y = 2
z = 1
print ("x =", x, "y =", y, "z =",z)
print ("x == y?", x == y)
print ("x == z?", x == z)
comp_x_z = x != z
print ("x != z?", comp_x_z )
print ("x < y?", x < y)
print ("y >= z?", y >= z)
```

■ **Programa 2.8: compara.py.**

```
x = 1 y = 2 z = 1
x == y? False
x == z? True
x != z? False
x < y? True
y >= z? True
```

■ **Programa 2.8a: Execução de compara.py.**

Uma característica interessante de Python é poder fazer comparações encadeadas, como mostrado no Programa 2.9. Execute o programa e veja o resultado.

```
x = 2
print ("1 < x < 3", 1 < x < 3)
print("5 < x < 10", 5 < x < 10)
print("3 > x <= 2", 3 > x <= 2)
print("2 == x < 4", 2 == x < 4)
```

■ **Programa 2.9: comparav2.py.**

Outro aspecto importante para o desenvolvimento de algoritmos é a manipulação de texto. Para ser realmente útil, temos de interagir com o computador por meio de textos e também obter respostas mais complexas e escritas com letras, não apenas com números.

O que é um texto? Usamos tanto no nosso dia a dia que não paramos para pensar no que consiste um texto escrito na tela de um computador. Um texto é uma sequência de caracteres. Esta é uma definição óbvia, porém importante. Esses caracteres podem ser as letras comuns do alfabeto, mas também podem ser símbolos, sinais de pontuação, números e até caracteres que não são visíveis diretamente, mas cujo efeito podemos perceber. Por exemplo, existe um caractere que faz seu editor de texto ou sua impressora passar para a próxima linha. Esse caractere é chamado, sem nenhuma surpresa, de *"alimentador de linha"*.

Uma sequência de caracteres ocupa alguma memória dentro do computador. Podemos usar um identificador para referenciar a primeira posição desta sequência. A

Bases da Programação

primeira posição define toda a sequência. Uma letra é colocada ao lado da outra, formando uma "**cadeia de caracteres**". No jargão computacional, chamamos essas cadeias de *strings*, adotando o nome em inglês dessa abstração computacional. Até agora temos usado o que chamamos de "*strings* literais", ou seja, cadeias de caracteres anônimas, sem um identificador explícito.

Os caracteres representam letras, dígitos e símbolos do alfabeto. Geralmente são representados entre aspas simples, para diferenciar de outros símbolos usados nos programas. Assim, o caractere '**A**', escrito entre aspas simples, é diferente do símbolo **A** dentro de um programa. Da mesma forma, dígitos escritos como caracteres, '**2**', por exemplo, são diferentes dos valores do seu respectivo valor decimal, no caso, o número **2**.

Cadeias de caracteres normalmente são apresentadas entre aspas duplas ou aspas simples. Python usa um recurso interessante. Se você usar aspas simples para escrever uma *string*, pode escrever aspas duplas dentro *da string*. Se usar aspas duplas, essa *string* pode incluir aspas simples. A regra é que se você começa uma *string* com um tipo de aspas, deve terminá-la com o mesmo tipo.

```
print("Gota d'água")
print('Hamlet: "Ser ou não ser"')
```

Quando escrevemos programas, dificilmente temos de nos preocupar com os valores binários ou numéricos atribuídos aos dados não numéricos. Mesmo se no interior do computador tudo for convertido em números, estes valores devem ser 'transparentes' ao programador; isto quer dizer que o programador não deve se preocupar com esses valores internos e deve ignorá-los. Um algoritmo trabalha com abstrações. Criamos um modelo do mundo real dentro do computador, e assim devemos tratar essas abstrações e não os seus valores binários. Por outro lado, na hora de programar, ajuda saber como a linguagem de programação trata as *strings*.

Dica 2.13 – Comparação de *strings*.

Em um algoritmo, quando queremos comparar duas *strings* podemos simplesmente escrever o teste de igualdade:

```
x = 'Supercalifragilisticexpialidocious!'
y = 'Supercalifragilisticexpialidocious!'
Se x == y
    imprima "São iguais"
```

Para um algoritmo que não tem de seguir as restrições de nenhuma linguagem, isso funciona bem. O problema é que nem sempre a comparação de *strings* de maneira tão direta é fornecida como um recurso da linguagem de programação. Em geral, a comparação só é possível usando o recurso de funções. Felizmente, esse não é o caso em Python:

```
x = 'Supercalifragilisticexpialidocious!'
y = 'Supercalifragilisticexpialidocious!'
if x == y:
    print ("São iguais")
```

■ **Programa 2.10: compara_strings.py.**

Capítulo 2

> Porém, fica o alerta. *Strings* não são tipos simples, fornecidos diretamente pelo compu-
> tador. Como são fornecidos como uma facilidade da linguagem, cada uma irá tratar *strings*
> de maneira diferente. Em C, por exemplo, a função de comparação é `strcmp()`. Para pio-
> rar, o teste entre duas *strings* com == é uma sintaxe válida em C, mas com outro significa-
> do. O comando correto em C seria:
>
> ```
> if (strcmp (nome, "Teste") == 0) )
> ```
>
> Na hora de implementar seu algoritmo, confira os recursos que a linguagem fornece e
> adapte seu algoritmo a esses recursos.

2.8 TIPOS DE VARIÁVEIS

Muitas linguagens de programação obrigam o programador a definir *a priori* o tipo de dado a que se refere uma variável. Esse recurso é chamado de tipagem estática, pois uma vez definido o tipo de uma variável, esta permanece com este tipo até o final da execução do programa. Linguagens como C ou Java usam este tipo de tipagem. Assim, se você define que uma variável é do tipo inteiro, o compilador vai testar sempre que essa variável for referenciada, se a operação é adequada ao tipo inteiro. Com isso os erros podem ser detectados em tempo de compilação.

Em Python e em outras linguagens, os identificadores são dinamicamente ligados ao valor referenciado, por isso um mesmo nome de variável pode indicar qualquer tipo de dado, bastando fazer uma atribuição. Uma variável pode ser criada referenciando um dado inteiro e depois mudar para ponto flutuante ou mesmo cadeia de caracteres. Para criar uma variável, e, portanto, uma referência a um valor, basta atribuir um valor de determinado tipo à variável. Simples assim. Depois basta atribuir outro valor de qualquer tipo:

```
x = 23
print (x)
x = 12.4
print (x)
x = "Teste"
print (x)
```

■ **Programa 2.11: Variáveis em Python (variaveis_dinamicas.py).**

A execução deste programa resulta em:

```
23
12.4
Teste
```

Esse recurso tem vantagens e desvantagens em relação à tipagem estática. É claro que a percepção do que seja vantagem ou desvantagem depende do programador e de suas preferências. O que é desvantagem para um, pode ser vantagem para outro programador. Feita essa ressalva, podemos dizer que linguagens com tipagem dinâmica permitem mais flexibilidade na hora de programar, porém têm a desvantagem de uma perda de desempenho na execução do programa; afinal o interpretador tem de testar em tempo de execução se as operações são adequadas ao tipo dinâmico.

Pessoalmente, prefiro linguagens com tipos estáticos. Considero que isso torna mais seguro o código, pois vários testes podem ser feitos antes de sua execução. Programar em Python com tipos dinâmicos exige uma maior atenção e geralmente prefiro criar outra variável com um novo tipo de variável, do que reutilizar identificadores, como visto no Programa 2.11.

2.8.1 TIPOS DEFINIDOS PELO USUÁRIO

Se os tipos apresentados anteriormente não forem suficientes, o usuário pode definir seus próprios tipos de dados, usando o que chamamos de **abstrações de dados**, de acordo com suas necessidades. Algumas linguagens de programação vão fornecer facilidades para que o usuário defina seus próprios tipos. Por exemplo, um programador poderia definir um tipo novo que só poderia assumir os valores de cores.

Como vimos anteriormente, tudo deve ser mapeado em números binários, e o que a linguagem faz é simplesmente permitir que o usuário defina esses tipos e as operações possíveis. Quando a linguagem não permite esse mecanismo diretamente, o próprio programador deve gerenciar a correspondência entre os tipos definidos na linguagem e o que ele criou para seu algoritmo.

Assim, o usuário pode definir o tipo **cor** e especificar que esse tipo pode assumir os valores **vermelho**, **azul** ou **verde**. Se a linguagem não permitir que o usuário crie novos tipos, o programador poderá, por exemplo, especificar que cor é um dado inteiro e associar no seu programa que cada uma das cores possui um valor próprio numérico, convencionando que vermelho é igual a 0, azul é igual a 1 e verde é igual a 2. De toda forma, esta decisão não deve ser feita no momento da especificação do algoritmo, mas somente no momento em que o algoritmo será codificado para uma linguagem de programação. No nível de algoritmo todas as abstrações e todos os tipos definidos pelo usuário são possíveis. Algumas possibilidades de tipos definidos pelo usuário seriam:

1. Cor: vermelho azul verde
2. Dia da Semana: segunda-feira terça-feira sábado
3. Mês: Janeiro Fevereiro Dezembro

Observe que os valores não são definidos entre aspas. Caracteres entre aspas são *strings* e têm outro tratamento. Assim, *vermelho* é diferente da *string* "*vermelho*". No primeiro caso é um valor do tipo **Cor**, enquanto no segundo caso é uma *string*.

2.9 CONSTANTES

Constantes são entidades que não mudam de valor durante a execução de um algoritmo. Por exemplo, podemos definir a constante de nome PI com o valor 3,14. No algoritmo, em vez de usarmos o valor de π, usamos a constante PI. Isso torna nosso algoritmo mais legível. A vantagem de usar um nome para uma constante é que

Capítulo 2

se precisarmos atualizar seu valor, por exemplo, se quisermos aumentar a precisão e usar 3,1415 como valor padrão de π, podemos simplesmente mudar seu valor no algoritmo e teremos tudo atualizado sem grande esforço.

As regras para escolhas de nomes de constantes são as mesmas que usamos para escolher o nome de variáveis.

> ## Dica 2.14 – Use letras maiúsculas para constantes.
>
> Sempre que você definir uma constante, escreva-a com todas as letras maiúsculas. Isso vai permitir que as constantes sejam identificadas facilmente no seu programa, embora não seja obrigatório. Você pode usar qualquer convenção para escrever o nome de uma constante, mas, entre programadores, é comum escrever qualquer constante com letras maiúsculas.
>
> Python não tem o recurso de definição de constantes. Isso quer dizer que mesmo que você defina PI com o valor 3.14, nada vai impedir que este valor seja modificado em outra parte do programa. Isso reforça ainda mais a utilidade de nomear suas constantes com letras maiúsculas. Se você trabalhar em uma equipe, quando receber um código feito por outra pessoa e vir identificadores seguindo essa convenção, vai saber de imediato que não pode modificar seu conteúdo.

Não se pode usar uma constante sem antes definir seu valor. Chamar um identificador de PI não diz ao compilador qual é o seu valor. A não ser que seja fornecido por outro programa, você é obrigado a definir o conteúdo de cada constante.

Vamos usar algumas constantes para testar uma famosa identidade matemática, a identidade de Euler:

$$e^{\pi i} + 1 = 0 \qquad\qquad \text{Eq. 2.6}$$

Esta identidade relaciona 5 entidades matemáticas: a constante de Arquimedes π, que é a razão entre o perímetro e o diâmetro de uma circunferência; e, a base do logaritmo natural; i, a unidade imaginária ($i^2 = -1$); além dos números 0 e 1. A identidade é tão importante que Richard Feynman, o famoso físico, disse que era a mais bela equação da Matemática. Já apareceu diversas vezes em episódios da série dos Simpsons. No mais famoso, Homer é tragado para um mundo com 3 dimensões e em um canto deste mundo aparece a identidade. Como podemos ajudar Homer a verificar esta igualdade? Em Python isso é simples:

```
PI = 3.1415
E = 2.71828
I = 1j
print ("0 =",E**(PI*I) + 1)
```

- **Programa 2.12: Identidade de Euler (euler.py).**

Executando o programa, obtemos:

```
0 = (4.490366412035485e-09+9.476672816471575e-05j)
```

Não era exatamente o que esperávamos. Contudo, se olharmos bem, os números são bastante pequenos, tendendo a zero. Podemos formatar a saída. Com menos casas decimais, o resultado fica mais parecido com zero. No caso, o comando `format`

Bases da Programação

determina que o número em ponto flutuante seja impresso com duas casas decimais
({:.2f}).

```
PI = 3.1415
E = 2.71828
I = 1j
print ("0 = {:.2f}".format(E**(PI*I) + 1))
```

- **Programa 2.13: Identidade de Euler (euler_formatado.py).**

E o resultado fica:

```
0 = 0.00+0.00j
```

Se aumentarmos a precisão dos valores para `PI` e `E`, o resultado vai ficar cada vez
mais perto de zero. Normalmente, você não precisa se preocupar com esses valores.
Por serem tão comuns na programação com números, existe um módulo de Python
que fornece essas constantes com uma precisão bem mais significativa.

EXERCÍCIO 2.16

Procure valores mais precisos para π e e. Substitua no Programa 2.12 e execute, ano-
tando o resultado. Você consegue colocar dígitos suficientes para que o erro desapare-
ça e Python dê como resultado zero?

EXERCÍCIO 2.17

Escreva um programa que calcule o quadrado da hipotenusa de um triângulo de lados 3
e 4, usando o teorema de Pitágoras.

EXERCÍCIO 2.18

Escreva um programa que calcule a área de uma esfera de raio 5.

2.10 UM ALGORITMO COMPUTACIONAL MELHORADO

No início do capítulo apresentei um algoritmo de busca de palavras em um dicionário.
Ainda era um algoritmo ruim. Apesar dos computadores serem rápidos, isso não jus-
tifica usarmos a primeira solução que achamos, contando com a velocidade de processamento para esconder a deficiência do nosso código.

Vamos tentar melhorar. Primeiro, apresento uma rápida análise do desempenho do
algoritmo.

A língua portuguesa tem cerca de **400 mil** vocábulos. Este não é um número exa-
to, mas vamos usá-lo como base de nosso exemplo. Diremos que as 400 mil palavras
são o nosso "**universo de busca**". Assim, em um dicionário completo, no pior caso,
ou seja, da palavra não existir no dicionário e caso não soubéssemos nada sobre a

Capítulo 2

organização do dicionário, em ordem crescente de palavras, teríamos de ler 400 mil vocábulos. Se estivéssemos procurando uma palavra em uma língua com 800 mil vocábulos, dobraríamos o tempo de busca no pior dos casos.

Sempre é bom pensar no pior caso quando testamos a eficiência de um algoritmo. Qual é o "pior caso" para uma busca de palavras? É a palavra não existir!

Mas, como você já deve ter percebido, este método de busca não é o mais inteligente. Podemos fazer melhor e você o faria de maneira bem mais inteligente se tivesse um dicionário à mão. Mas como poderíamos ensinar um método sistemático a uma máquina para que fizesse a busca por nós?

Vamos pensar "algoritmicamente".

Uma maneira seria começar abrindo o dicionário ao meio, na sua parte central. Olhamos a palavra que se encontra no topo dessa página. Se for alfabeticamente "menor" que a palavra procurada, o que fazemos? Sabemos que, por conta da organização do dicionário, a palavra que buscamos não pode estar antes desta página, e que só pode estar depois. Deste modo, podemos ignorar todas as palavras da parte do dicionário que estão antes desta página. Observe que se tínhamos um universo de busca de 400 mil palavras, agora nosso universo de busca se reduziu a 200 mil palavras, a metade do universo original. Um ganho considerável!

Após esse primeiro passo, repetimos o processo de abrir o dicionário na página central. Novamente fazemos a escolha. Se a palavra da página for menor alfabeticamente, descartamos a metade anterior. Se for maior, devemos descartar a metade posterior. Vamos repetindo este processo até encontrar a palavra ou reduzirmos nosso universo de busca a apenas uma página e não a encontrarmos.

Note que, segundo este algoritmo, cada vez que olhamos uma palavra, nosso universo de busca se reduz à metade do universo de busca anterior. Esse algoritmo é tão bom que tem até um nome: **busca binária**! Seu nome vem do fato de que a cada passo o universo de busca é dividido por 2.

Quão melhor é esse algoritmo em relação ao algoritmo anterior que lia cada nome em sequência? Vamos fazer um cálculo simples. Se meu computador lesse cada nome em sequência, teria de ler 400 mil nomes, no pior caso, para decidir se a palavra existe ou não. E em nosso algoritmo de busca binária? A tabela a seguir mostra quantas comparações são necessárias para atingir o objetivo, arredondando sempre para o inteiro imediatamente superior.

Tabela 2.6 Número de passos de uma busca binária

Passo	Universo	Passo	Universo
0	400.000	10	391
1	200.000	11	196
2	100.000	12	98
3	50.000	13	49

(continua)

74

Bases da Programação

Tabela 2.6 Número de passos de uma busca binária *(continuação)*

Passo	Universo	Passo	Universo
4	25.000	14	25
5	12.500	15	13
6	6250	16	7
7	3125	17	4
8	1563	18	2
9	782	19	1

Desse modo, com 19 passos podemos ter certeza se a palavra existe ou não. Certamente um grande progresso em relação aos 400 mil passos anteriores!

Um pouco de Matemática para entendermos como podemos chegar a este número, sem termos de fazer a tabela anterior: a relação entre o número de passos e o universo de busca para a busca binária é uma relação logarítmica. Mas, como dividimos por 2, a base do nosso logaritmo é a base 2, ou seja, procuramos o logaritmo de 400 mil na base 2. Os passos são inteiros, quer dizer, não existe fração de passo. Cada passo implica uma divisão do nosso universo de busca pela metade. Como $2^{19} = 524288$ ou seja, pegando o número inteiro superior mais próximo $\log_2 400000 = 19$

A descrição do algoritmo foi feita com uma prosa, como em uma conversa normal. Temos uma ideia de solução, agora devemos pensar em como podemos escrever essa solução de maneira mais formal, mais *algorítmica*.

Vamos tentar reescrever nosso algoritmo de uma maneira mais formal.

```
Algoritmo de busca binária em um dicionário:
Passo 1 Abra o dicionário ao meio
Passo 2 Leia uma palavra
Passo 3 A palavra procurada foi encontrada? Se sim, escreva seu
significado e termine o algoritmo
Passo 4 O dicionário tinha apenas uma página? Se sim, escreva
'Palavra não existe' e termine o algoritmo
Passo 5 Se a palavra procurada for menor que a palavra da página,
descarte a parte posterior do dicionário; se não, descarte a parte
anterior do dicionário.
Passo 6 Chame o que restou de dicionário e vá para o passo 1
```

O passo 6 introduz um novo conceito. No início do algoritmo nosso universo de busca era o dicionário. No passo 6, para poder repetir os mesmos passos apresentados anteriormente, dissemos que a metade que restou para a busca também se chama dicionário. Seria como se eu rasgasse o dicionário ao meio, jogasse a metade que eu sei que não pode conter a palavra que busco fora, e dissesse que a metade que me restou é o dicionário. Com este artifício, posso aplicar os mesmos passos anteriores, até encontrar ou não a palavra. Se o dicionário se reduzir a uma só página e eu não encontrar a palavra, é porque a palavra não existe.

75

Capítulo 2

Agora que temos uma boa base, vamos escrever o algoritmo em pseudocódigo:

```
Algoritmo de busca binária em um dicionário:
   Repita:
        Abra o dicionário ao meio
        Leia uma palavra
        Se a palavra lida for igual à palavra procurada:
            Escreva seu significado
            Termine o algoritmo
        Se o dicionário tinha apenas uma página:
            Escreva 'Palavra não existe'
            Termine o algoritmo
        Se a palavra procurada for menor que a palavra lida:
            descarte a parte posterior do dicionário
        Se não:
            descarte a parte anterior do dicionário.
        Chame o que restou de dicionário
```

Estamos quase chegando a uma solução. O algoritmo já está bem melhor, mas ainda falta formalizar a tomada de decisões e a repetição organizada de trechos de código. Esses assuntos serão tratados no próximo capítulo.

EXERCÍCIO 2.19

O algoritmo da busca binária apresentado nesta seção pode ser ainda mais refinado. Como fazer para acrescentar detalhes a esse algoritmo?

2.11 OBSERVAÇÕES FINAIS

Neste capítulo apresentei diversos conceitos essenciais relativos aos dados e aos tipos básicos encontrados em qualquer linguagem de programação. Esses conceitos são a base do desenvolvimento de algoritmos. Deixei grande parte da sintaxe de Python em segundo plano. Se eu apresentasse todas as possibilidades da linguagem, em cada um dos itens, esse capítulo seria bem mais extenso. O pior seria termos relegado a um segundo plano os conceitos básicos da programação. Por exemplo, na formatação de números existem muito mais métodos de formatar dados. Mas acho que apresentar a sintaxe de Python, além de ser tedioso, iria desviar o foco do aprendizado. Releia o capítulo. Concentre-se nos conceitos. Você já deve ser capaz de escrever programas simples, em particular aqueles que envolvam apenas cálculos numéricos. Não se apresse. Aos poucos estamos construindo um pensamento algorítmico.

Programação Estruturada

"A função do bom software é fazer a complexidade parecer simples". Grady Booch

Mesmo que alguns programas com poucas linhas de código possam ser úteis, problemas reais geralmente vão exigir centenas ou milhares de linhas de código. Conforme o número de linhas aumenta, a complexidade dos programas também aumenta. Por mais inteligente que você seja, a complexidade dos programas vai ultrapassar a sua capacidade de memorizar todos os seus detalhes. É preciso ter uma estratégia para domar essa complexidade e assegurar a correção de seu programa. Desse modo, como uma obra de construção civil, o programa precisa ter uma estrutura na qual possa se apoiar.

Um programa que possua uma boa estrutura não vai tornar seu problema mais simples, porém irá permitir que você se concentre em módulos menores, de maneira que a complexidade desses módulos se adeque à capacidade humana de entendimento.

Buscamos soluções facilmente compreensíveis para problemas complexos. George Boole, em seu livro *Uma Investigação das Leis do Pensamento*, escreveu:

> "... um método perfeito não deve ser eficiente apenas com respeito à realização dos objetivos para os quais foi projetado, mas deveria, em todas as partes e processos, manifestar certa unidade e harmonia."

Como atingir esta unidade e harmonia, e por que não dizer, elegância, da qual falava Boole? Apesar de haver muitos enfoques possíveis, na programação de computadores podemos começar a domar a complexidade dos problemas usando a chamada **programação estruturada**, conhecida também como **programação modular**. Neste capítulo você vai conhecer as suas bases.

3.1 BLOCOS DE CONSTRUÇÃO DE UM PROGRAMA

Um programa de computador só é realmente necessário se o problema que resolve envolver um volume considerável de dados ou um grande número de

Capítulo 3

operações. Para situações mais simples, uma calculadora ou mesmo papel e lápis seriam suficientes.

Seria ótimo poder apresentar pequenos programas e, ao final, dizer: "agora expanda isso para programas maiores". Infelizmente não é assim. Um programa de mil linhas tem muito pouco a ver com um programa de 10 linhas. Programar não é uma atividade escalável, ou seja, estar preparado para escrever um programa de 10 linhas não vai prepará-lo para escrever um programa de 1000 linhas.

Escrever um programa de computador é escrever um texto. À medida que este texto cresce, o fluxo de execução pode tomar diversas direções, de acordo com o processamento dos dados. Nos primórdios da computação, os programadores abusavam de desvios do fluxo de execução. Isto seria como se um escritor, dependendo de alguma condição, a idade do leitor, por exemplo, encaminhasse esse leitor da página 10 para a página 20 e depois retornasse à página 15. Esse processo aconteceria por todo o livro, de acordo com outras condições externas. Várias leituras seriam possíveis, mas o difícil seria manter a coerência entre as várias possibilidades de leitura. Cada percurso de leitura deveria conter uma história coerente. Isso não é impossível de ser feito, mas envolveria um grande esforço mental do escritor para domar toda a complexidade da tarefa. Três ou quatro linhas de narrativa poderiam ser fáceis de organizar, mas, e se essas narrativas chegassem à casa das dezenas ou centenas em um único livro? Facilmente poderia haver alguma linha de narrativa sem sentido.

O mesmo acontece com os programas de computador. De acordo com as informações a serem processadas, pode haver diversos fluxos possíveis de execução de um programa. Sem uma estrutura, logo os programas tornam-se ininteligíveis em função de seu tamanho e das várias possibilidades de execução. Esse tipo de código é chamado pejorativamente de "código espaguete" (Figura 3.1), por causa do emaranhado lógico que poderia ser gerado. É preciso pôr ordem nesse caos.

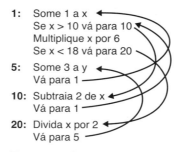

Figura 3.1 Código espaguete.

A programação estruturada surgiu para facilitar a escrita e a depuração de programas. Seu princípio é o uso de estruturas simples que são encadeadas de modo que o programa possa ser dividido em blocos lógicos, cada um desempenhando um papel bem preciso na solução do problema. A programação estruturada foi definida por Niklaus Wirth como "*A arte ou técnica de construir e formular algoritmos de forma sistemática*". Ser sistemática significa que se trata de uma abordagem que pode ser replicada para todos os problemas que um programa de computador possa resolver.

Além dos blocos, outro princípio usado é o desenvolvimento por refinamentos sucessivos, também chamado de *top-down*. Apresentei este método no capítulo anterior, quando desenvolvemos o algoritmo de procura de uma palavra em um dicionário. Começamos a desenvolver o algoritmo em um nível bem abstrato e, pouco a pouco, vamos definindo detalhes da solução, até chegar ao programa de computador.

Explicando melhor: na programação estruturada, dividimos a solução do problema em blocos. Cada bloco executa uma ação que pode consistir em um teste, na repetição de comandos ou na obtenção de um resultado. Para manter a complexidade em um nível compreensível, cada bloco possui apenas uma entrada e uma saída para o fluxo da informação. Isso quer dizer que um bloco recebe alguma informação, processa-a e devolve algum resultado ao seu final. Note que falo em "blocos". Cada bloco engloba uma ou várias ações efetivas para a solução do problema. Isso impede o surgimento do "código espaguete".

A ideia é que se cada bloco tem apenas uma entrada de dados e uma saída, conseguimos controlar melhor a complexidade do programa e assim sua depuração no caso de ocorrência de erros (Figura 3.2).

Figura 3.2 Bloco de processamento.

Os blocos podem ser encaixados um dentro do outro, como as famosas bonecas russas *matrioskas*. De qualquer forma, a regra de uma entrada e uma saída para cada bloco é mantida. Se um bloco começa dentro de outro bloco mais externo, deve terminar sua execução dentro deste mesmo bloco.

A programação estruturada também define regras de escopo para os blocos de programa. Em vez de permitir que qualquer parte do programa tenha acesso e modifique qualquer variável e mude o fluxo de execução para qualquer outra parte do programa, na programação estruturada são definidos escopos tanto para as variáveis quanto para os desvios que podem ser efetuados. O escopo de uma variável define em quais blocos a variável é visível, ou seja, o valor dessa variável só pode ser lido e às vezes modificado dentro daquele bloco. O mesmo acontece com os desvios de execução. Qualquer desvio que saia do bloco obrigatoriamente deve retornar a este para ter sua execução continuada.

Apenas três estruturas são suficientes para escrever qualquer programa: sequência, seleção e iteração.

Capítulo 3

> **Fato 3.1 – Programação estruturada é um paradigma de programação.**
>
> Um paradigma é um modelo a ser seguido. Existem diversos paradigmas na programação. A programação estruturada é apenas um deles. Outros paradigmas são a programação funcional, a programação orientada a eventos, a programação orientada a aspecto e, o mais conhecido de todos, a programação orientada a objetos. Essa lista não é exaustiva, existem muitos outros paradigmas e novos ainda podem ser criados.
>
> As linguagens de programação são criadas de maneira a suportarem melhor determinado paradigma. Nada o impede, no entanto, de programar usando um paradigma que a linguagem não suporte, mas aí você encontraria muito mais dificuldade. Por exemplo, você pode programar segundo o paradigma orientado a objetos usando C, que não é uma linguagem adequada para isso. Mas, é claro, você teria de providenciar todos os mecanismos que uma linguagem verdadeiramente orientada a objetos já lhe oferece.

3.1.1 SEQUÊNCIA

A estrutura de sequência é a mais simples. Pode ser considerada como o bloco que é a base dos programas. Diz simplesmente que cada bloco será seguido por outro bloco de comandos. O programa é assim montado por uma sequência de blocos. Dentro desses blocos podemos ter outros blocos, mas que sempre irão terminar sua execução no início do bloco seguinte. A Figura 3.3 esquematiza esse conceito.

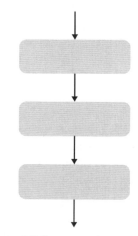

Figura 3.3 Estrutura de sequência.

Este tipo de bloco não contempla o uso de diversos fluxos de execução em paralelo. Nossa máquina é essencialmente sequencial. Uma ação tem de ser terminada antes que a próxima se inicie.

3.1.2 SELEÇÃO

Um programa de computador pode simplesmente fazer um cálculo, mas seria bem limitado. Para ser mais útil, o programa deve ser capaz de tomar decisões, escolher caminhos alternativos de execução de acordo com as informações inseridas ou calculadas.

A estrutura de seleção permite que o programa faça uma escolha entre duas alternativas. Se a condição de seleção for verdadeira, uma ação será executada. Caso contrário, outra ação será escolhida. Nem sempre precisamos de duas ações, por vezes basta termos apenas a alternativa verdadeira e podemos simplesmente dar continuidade à execução do programa se a condição for falsa. Em termos de fluxograma teríamos a Figura 3.4.

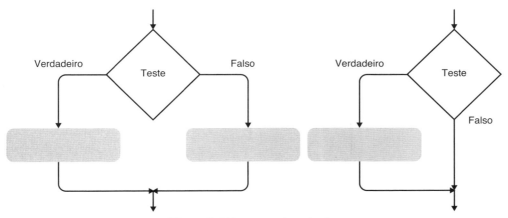

Figura 3.4 Estrutura de seleção.

Uma generalização da seleção foi proposta por C. A. R. Hoare, permitindo uma escolha entre duas ou mais alternativas (Figura 3.5).

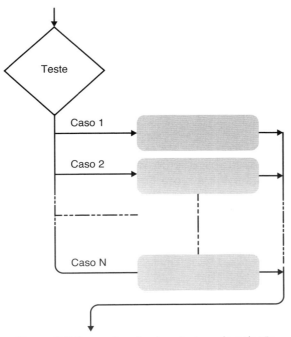

Figura 3.5 Generalização da estrutura de seleção.

3.1.3 ITERAÇÃO

Essa estrutura permite a repetição de comandos, fornecendo um laço para a execução do programa no qual os comandos são executados repetidamente enquanto uma condição for verdadeira. Um fluxograma desta estrutura é mostrado na Figura 3.6.

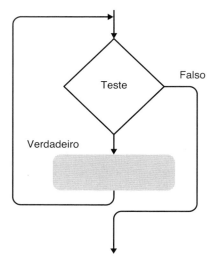

Figura 3.6 Estrutura de iteração.

3.2 TOMANDO UMA DECISÃO

A forma mais básica de tomada de decisão é o esquema que faz a seleção entre duas alternativas, como visto na Seção 3.1.2. Passando o fluxograma para pseudocódigo, temos:

"*Se* uma condição for verdadeira faça algo *senão* faça outra coisa". Como a cláusula senão é opcional, eliminando a cláusula senão, nosso bloco de teste ficaria

"*Se* uma condição for verdadeira faça algo". Por exemplo, digamos que você queira calcular a média de duas provas, imprimindo se ficou para a prova final ou não. Admitindo que a média para evitar a prova final seja 7, poderíamos escrever o seguinte algoritmo.

```
Se
Leia nota1
Leia nota2
Calcule média = (nota1 + nota2)/2
Se média < 7
    imprima "Ficou para a prova final :("
senão
    imprima "Passou direto!"
```

Perceba os blocos de execução dentro deste programa simples (Figura 3.7).

Programação Estruturada

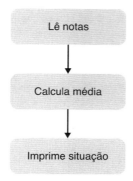

Figura 3.7 Blocos de execução para imprimir a situação do aluno.

O código em Python para este programa poderia ser:

```
nota1 = float(input("Qual é a primeira nota? "))
nota2 = float(input("E a segunda nota? "))
media = (nota1 + nota2)/2
print ("A média é ", media)
if media < 7:
    print ("Ficou para prova final :(")
else:
    print ("Passou direto!")
```

■ **Programa 3.1: avalia_media.py.**

Digite este programa com atenção. Respeite os recuos das duas últimas linhas de `print`. Chamamos esses recuos de *indentação*. Indentação é um anglicismo e vem de *"indentation"*, que significa usar espaços ou tabulações para afastar o texto do início da linha. Use 4 espaços para fazer os recuos. Na realidade, não importa muito se você usar outra quantidade de espaços ou tabulações. O importante é somente manter uma coerência. Se o primeiro nível de indentação que você usou é de 4 caracteres, use sempre esse número para o primeiro nível. Quatro é apenas uma recomendação de Python que a maioria dos programadores segue, dando uma uniformidade. Siga essa recomendação se lhe agradar.

Dica 3.1 – Por que usar 4 espaços para indentação?

O uso de espaços é apenas uma recomendação de Python para a indentação. Você poderia usar tabulações (pressionando a tecla "Tab" do seu teclado).

À primeira vista é mais prático usar tabulações em vez de espaços para indentar. Cada nível de indentação seria exatamente o número de tabulações antes do primeiro comando. Mas, por que a recomendação de usar espaços? Porque diferentes editores vão usar diferentes números de espaços para uma tabulação. Desse modo o seu código pode ser visto de outra forma em outro editor de texto.

Mas esse não é o único motivo. Quando se usa o comando de *copiar-colar* em editores de texto, muitas vezes as tabulações não são copiadas de forma correta. Então, você não pode garantir que outra pessoa que use outro editor de texto obtenha o mesmo resultado de indentação ao copiar trechos do código que você escreveu. Ao se trabalhar em equipe é

Capítulo 3

> necessário pensar em como outras pessoas verão o seu código. Da mesma maneira, visualmente você não consegue diferenciar uma tabulação de alguns espaços. Se você digitar um espaço e uma tabulação, o efeito visual é o mesmo de apenas uma tabulação. Para o interpretador Python são duas indentações diferentes e esse interpretador irá considerar que são dois níveis diversos.
>
> O número de 4 espaços também é somente uma recomendação. Você pode usar 2 ou 6, ou qualquer número que queira. Usando 4 você vai aderir ao que a maioria dos programadores em Python fazem, tornando seu código mais facilmente compartilhável.

Este pequeno programa permite apresentar mais um pouco da sintaxe de Python. Primeiro, o comando `input` serve para fazer uma entrada de dados pelo teclado. Execute este programa e você será perguntado pela primeira e pela segunda nota. O comando `float` antes de `input` serve para converter o número lido em um número em ponto flutuante. O número digitado deve usar o ponto decimal e não a vírgula decimal, como seria no português. Existem muitas outras possibilidades de conversão, mas vamos primeiramente nos concentrar apenas no essencial. Uma possível execução deste programa seria:

```
Qual é a primeira nota? 7.8
E a segunda nota? 8.4
A média é  8.1
Passou direto!
```

Por que precisamos converter o número digitado com `float`? Experimente executar o seguinte programa:

```
nota1 = input("Qual é a primeira nota? ")
nota2 = input("E a segunda nota? ")
nota_total = nota1 + nota2
print ("A soma é ", nota_total)
```

■ **Programa 3.2: testa_input.py**

Se você digitar valores para nota1 e nota2, vai obter o seguinte resultado:

```
Qual é a primeira nota? 7.8
E a segunda nota? 8.4
A soma é 7.88.4
```

O que aconteceu? Python não fez a soma. Simplesmente concatenou os valores. Isso ensina algo sobre a entrada de valores em Python: os valores são recebidos como texto. Cabe ao programador usar o comando correto para convertê-los nos números adequados.

Outra característica de Python é a indentação dos blocos. Em Python este recuo da linha indica um bloco de ações. Assim, simplesmente olhando o programa escrito sabemos que as linhas dos dois últimos comandos `print` estão dentro do bloco do comando `if`. Linhas consecutivas que possuem uma mesma indentação pertencem ao mesmo bloco de execução. O bloco termina quando a indentação diminui. Para colocar um bloco dentro de outro, basta aumentar a indentação. De qualquer maneira, o bloco irá terminar dentro do bloco no qual foi iniciado.

Note também que as linhas dos comandos `if` e `else` terminam com : (dois pontos). Esses dois pontos foram usados na linguagem para facilitar a leitura dos programas em Python, e são obrigatórios. Como disse o criador de Python, Guido Van Rossum, ao ser perguntado sobre a função dos dois pontos: *"Agora é tarde para mudar".*

EXERCÍCIO 3.1

→ Modifique o programa do exercício 2.9 de forma que este peça o valor do lado do quadrado antes de calcular a área. (Use o conversor `int`)

EXERCÍCIO 3.2

→ Faça o mesmo programa do exercício anterior usando o conversor `float`.

EXERCÍCIO 3.3

→ Modifique as indentações dos programas desta seção e veja qual erro o interpretador Python indica.

EXERCÍCIO 3.4

→ Escreva um programa que diga se um número inteiro digitado é par ou ímpar.

EXERCÍCIO 3.5

→ Escreva um programa que receba dois números inteiros pelo teclado e informe se o segundo é um múltiplo do primeiro.

Fato 3.2 – Programação orientada a objetos.

Você deve ter ouvido falar muito sobre programação orientada a objetos (POO). Em uma explicação simplificada, neste paradigma, a programação estruturada é estendida para combinar os dados com o código que atua nesses dados. Isto é feito de maneira que código e dados sejam entendidos como uma única entidade chamada objeto.

Existe muita discussão sobre se a primeira linguagem de programação deve ser ensinada juntamente com os conceitos de POO. Em minha experiência, apesar de a POO ser bastante útil na reutilização de código, pode confundir os novatos. É melhor aprender primeiro a base: programação modular, blocos, laços de execução, para, em seguida, em um segundo tempo, aprender a POO. A POO possui uma série de conceitos que confundem o novato mais do que explicam. Por isso é comum ver iniciantes apenas decorando conceitos como *polimorfismo*, *herança* e *sobrecarga* sem realmente saber como utilizá-los na programação cotidiana.

Capítulo 3

> Assim como a programação comum pode gerar código "*espaguete*", uma POO, sem o entendimento adequado sobre a construção de programas, pode levar ao código "lasanha": camadas e mais camadas de classes que dificultam a compreensão e depuração dos programas.
>
> Python suporta bem os dois paradigmas. Então é possível usar Python inicialmente apenas com a programação estruturada e depois passar para a POO.
>
> Portanto, minha dica é: aprenda bem os conceitos da programação estruturada. Treine com programas maiores, com mais de 1000 linhas de código. Quando dominar bem este paradigma, aprenda a usar o paradigma da POO.

3.3 TESTES EM SEQUÊNCIA

Por vezes é necessário fazer mais de um teste em sequência, e isto acontece quando, após um teste, precisamos verificar outra condição para tomar uma decisão. Assim, encadeamos diversos testes, um depois do outro. Por exemplo, dando continuidade ao caso do aluno, imaginemos que sua universidade só permita que alunos com média acima de 4 façam prova final. Alunos com média abaixo de 4 são reprovados diretamente. Com isso, o algoritmo ficaria:

```
Leia nota1
Leia nota2
Calcule média = (nota1 + nota2)/2
Se média < 7
então
    se média < 4
        imprima "Ficou reprovado :( :("
    senão
        imprima "Ficou para a final :("
senão
    imprima "Passou direto!"
```

Este programa em Python ficaria:

```python
nota1 = float(input("Qual é a primeira nota? "))
nota2 = float(input("E a segunda nota? "))
media = (nota1 + nota2)/2
print ("A média é ", media)
if media < 7:
    if media < 4:
        print ("Ficou reprovado :(")
    else:
        print ("Ficou para prova final")
else:
    print ("Passou direto!")
```

■ **Programa 3.3: calcula_final_reprova.py**

Observe que temos dois níveis de indentação no programa. Cada nível está deslocado 4 espaços em relação ao nível anterior. O segundo `else` fecha o primeiro `if`, pois o bloco do segundo `if` tem de estar totalmente contido dentro da primeira cláusula do primeiro `if`. As indentações determinam os blocos de execução.

Programação Estruturada

> ### Fato 3.3 – Cada linguagem tem sua maneira de determinar blocos.
>
> Em Python, os blocos de execução são determinados pelo recuo em relação ao início da linha. Um bloco termina quando o recuo diminui. Outras linguagens podem usar outros métodos. Pascal, por exemplo, usa as palavras `begin` e `end` para delimitar blocos. C utiliza chaves {}.
>
> A vantagem do método de Python é que este obriga o programador a manter seu código com os blocos bem indentados, facilitando desse modo a sua localização visual dentro do programa.

Nos programas, evitei fazer testes como **"if media >= 7:"**. Lembre-se, `media` é um número real e não devemos testar a igualdade entre números reais, pois pequenas variações na forma de cálculo dos resultados nem sempre produzem valores exatos na conversão de decimal para binário. Dessa forma, é melhor evitar usar testes de igualdade, mesmo que estejam embutidos em um teste "maior ou igual".

Python não tem uma estrutura que permita realizar diretamente a escolha múltipla, como apresentada na Figura 3.5. Linguagens como C possuem o comando "switch case..." que funciona exatamente para escolhas múltiplas. Assim, a estrutura de Python

```
if ...
...
elif ...
...
elif ...
...
else ...
```

é a que mais se aproxima deste conceito. Desta maneira, cada comando `elif` é composto da junção de um `else` com um `if` seguinte. Utilizando esta estrutura, uma forma alternativa do programa anterior seria:

```
nota1 = float(input("Qual é a primeira nota? "))
nota2 = float(input("E a segunda nota? "))
media = (nota1 + nota2)/2
print ("A média é ", media)
if media < 4:
    print ("Ficou reprovado :(")
elif media < 7:
    print ("Ficou para prova final")
else:
    print ("Passou direto!")
```

■ **Programa 3.4: calcula_final_reprova2.py.**

> **EXERCÍCIO 3.6**
>
> Escreva um programa em Python que teste se um número é divisível por 3, 5 ou 7. Seu programa deve dizer por qual desses valores o número é divisível.

87

Capítulo 3

3.4 CONDIÇÕES COMPOSTAS

Além de testes em série, por vezes precisamos testar mais de uma condição para tomar uma decisão. Um exemplo simples seria pedir que um usuário digite a letra "H" para indicar "Homem" e "M" para indicar "Mulher". O problema é que o usuário poderia digitar letras maiúsculas ou minúsculas. Para o computador, "H" e "h" são letras diferentes. Você precisa testar as duas situações para tomar a decisão correta. Em pseudocódigo, você escreveria:

Se letra é igual a 'H' ou 'h'...

Entre as duas opções temos o conectivo "ou". Em Python seu equivalente é o conectivo "or". O programa, diretamente em Python, ficaria:

```
letra = input('Digite H para Homem e M para Mulher ')
if letra == 'H' or letra == 'h':
    print ("Você escolheu Homem.")
elif letra == 'M' or letra == 'm':
    print ("Você escolheu Mulher.")
else:
    print ("Você escolheu outra opção.")
```

■ **Programa 3.5: h_e_m.py.**

No programa, testamos para cada letra suas opções em maiúsculas e minúsculas. Um exemplo um pouco mais complexo seria calcular se um ano é bissexto. Diversas regras devem ser usadas para calcular se um ano é bissexto ou não.

As regras são as seguintes: a cada 4 anos temos um ano bissexto, isto é, um ano com 366 dias. Todo ano bissexto deve ser divisível por 4, exceto aqueles que também são divisíveis por 100. A regra anterior não vale se o ano for divisível por 400, caso em que este será obrigatoriamente bissexto, apesar de ser divisível por 100. Confuso? Vamos simplificar:

- A cada 4 anos o ano é bissexto, ou seja, todos os anos divisíveis por 4.
- A cada 100 anos o ano não é bissexto, apesar de ser divisível por 4.
- A cada 400 anos o ano é bissexto, apesar de ser divisível por 100.

Para resolver isso, temos de usar alguns operadores que vão trabalhar com valores lógicos. E, OU e NÃO. Em Python, teremos os nomes em inglês, respectivamente `and`, `or` e `not`. Vamos usar os operadores diretamente em Python e não os seus equivalentes em português. Também os valores lógicos que esses operadores testam, Verdadeiro e Falso, serão os de Python, `True` e `False`.

Se algo é verdadeiro somente se duas condições forem verdadeiras, vamos usar o operador `and`. A partir disso tiramos uma tabela que chamaremos de **Tabela-Verdade**. Uma tabela-verdade é usada na lógica para determinar se uma expressão é verdadeira ou falsa. A Tabela 3.1 apresenta os resultados para o operador `and`:

Programação Estruturada

Tabela 3.1 Tabela-verdade para operador **and**

Condição 1	Condição 2	Condição 1 and Condição 2
False	False	False
False	True	False
True	False	False
True	True	True

Fazendo o mesmo para o operador OU, obtemos a Tabela 3.2:

Tabela 3.2 Tabela-verdade para operador **or**

Condição 1	Condição 2	Condição 1 or Condição 2
False	False	False
False	True	True
True	False	True
True	True	True

E para o not, temos a Tabela 3.3:

Tabela 3.3 Tabela-verdade para operador **not**

Condição	not Condição
False	True
True	False

Com esses novos operadores, voltemos ao problema de calcular se um ano é bissexto. Vamos montar uma expressão para ser testada e assim decidir se um ano é bissexto ou não. Você se lembra do operador de resto da divisão inteira? Vamos usá-lo. A primeira regra é a da divisão por 4. Assim, temos:

```
if ano % 4 == 0:
    print ('Ano é bissexto')
```

Obviamente, a expressão anterior está ainda incompleta. Testamos apenas uma das condições. A próxima condição invalida a primeira, ou seja, se o ano for divisível por 100, não será bissexto. Como incluir essa cláusula na expressão? Se queremos que a resposta seja bissexto, temos de negar a condição dos 100, isto é, um ano é bissexto se for divisível por 4 e **não** for divisível por 100. Para obter esse resultado colocamos a expressão entre parênteses e negamos todo o seu conteúdo.

```
if ano % 4 == 0 and not (ano % 100 == 0):
    print ('Ano é bissexto')
```

Estamos quase lá. Falta ainda colocar a última condição: todo ano divisível por 400 é obrigatoriamente bissexto. A cláusula a ser usada é a OU. O programa completo ficaria assim:

```
ano = int(input('Digite um ano: '))
if (ano % 4 == 0 and not(ano % 100 == 0)) or ano % 400 == 0:
    print ('Ano é bissexto')
```

■ **Programa 3.6: bissexto.py.**

89

Capítulo 3

A condição `not` nesse caso específico pode ser simplificada para usar o operador de diferença (!=) e também podemos colocar a alternativa `else`. Desse modo, obtemos:

```
ano = int(input('Digite um ano: '))
if (ano % 4 == 0 and ano % 100 != 0) or ano % 400 == 0:
    print ('Ano é bissexto')
else:
    print ('Ano não é bissexto')
```

■ **Programa 3.7: bissexto_v2.py**

Preste atenção aos parênteses. A expressão dentro de parênteses é resolvida primeiro, e só depois a expressão seguinte é analisada.

Aqui é válido criar um fluxograma para entender melhor o teste sendo feito. Quando você dominar melhor as condições compostas, o fluxograma poderá ser dispensável.

Dica 3.2 – Coloque a condição mais provável antes das outras.

As linguagens de programação são otimizadas de maneira que a primeira condição que resolve um teste impede que as outras sejam testadas. Assim, se *ano % 4 == 0* for falso, não há sentido em gastar tempo de execução testando se *ano % 100 != 0* é falso ou verdadeiro. Não importa mais, e o teste será interrompido nesse momento.

O único cuidado a ser tomado aqui é se uma condição depende da outra. Por exemplo, no teste

```
Se i < n E tabela[i] == x
```

A inversão das condições para

```
Se tabela[i] == x E i < n
```

pode resultar em erro na execução se tabela não contiver valores para $i \geq n$.

Uma versão alternativa, sem o uso de condições compostas, mas com o uso de testes em cadeia e diversos comandos de impressão, poderia ser:

```
ano = int(input('Digite um ano: '))
if ano % 4 != 0:
    print ('Ano não é bissexto')
elif ano % 100 != 0:
    print ('Ano é bissexto')
elif ano % 400 == 0:
    print ('Ano é bissexto')
else:
    print ('Ano não é bissexto')
```

■ **Programa 3.8: bissexto_v3.py**

Para finalizar, Python tem uma maneira especial de tratar algumas condições compostas matemáticas. Digamos que você tenha de escrever um programa que defina descontos no ingresso de um evento baseado na idade do usuário, segundo a tabela.

Programação Estruturada

Idade	Desconto (%)
0 e menos de 12 anos	100
12 e menos de 26 anos	50
mais de 26 anos	0

Um algoritmo simples poderia ser:

```
Leia idade
Se idade estiver entre 0 (inclusive) e 12 (exclusive)
   Imprimir desconto é de 100 %
senão Se idade estiver entre 12 (inclusive) e 26 (exclusive)
   Imprimir desconto é de 50 %
senão
   Imprimir sem desconto
```

Normalmente este programa poderia ser traduzido em Python por:

```
idade = int(input('Qual a idade? '))
if idade >= 0 and idade < 12:
    print ('Desconto é de 100%')
elif idade >= 12 and idade < 26:
    print ('Desconto é de 50%')
else:
    print ('Sem Desconto')
```

■ **Programa 3.9: calcula_desconto.py.**

Porém, Python possui uma sintaxe mais próxima da linguagem matemática, permitindo escrever expressões mais simples:

```
idade = int(input('Qual a idade? '))
if  0 <= idade < 12:
    print ('Desconto é de 100%')
elif 12 <=  idade < 26:
    print ('Desconto é de 50%')
else:
    print ('Sem Desconto')
```

■ **Programa 3.10: Versão alternativa de calcula_desconto.py.**

> **EXERCÍCIO 3.7**
>
> Uma empresa vai conceder um aumento diferenciado a seus funcionários, segundo os seguintes critérios: quem ganha até 1000 reais (inclusive) terá aumento de 20 %; entre 1000 e 2000 (inclusive), aumento de 18 %; entre 2000 e 4000 (inclusive) aumento de 15 % e acima de 4000 aumento de 10 %. Escreva um programa que, dado um valor de salário, calcule o novo valor após o aumento.

Capítulo 3

EXERCÍCIO 3.8

→ Sabendo que um triângulo é dito equilátero quando tem 3 lados iguais, isósceles quando tem 2 lados iguais e escaleno quando todos os lados têm tamanhos diferentes, escreva um programa que receba os valores dos três lados de um triângulo e imprima se ele é equilátero, isósceles ou escaleno.

EXERCÍCIO 3.9

→ Considere que um ser humano pode ser classificado segundo sua idade nas seguintes faixas etárias:

- Bebê (nascimento até 3 anos).
- Criança (4 até 7 anos).
- Pré-adolescente (8 até 12 anos).
- Adolescente (13 até 20 anos).
- Jovem (21 a 40 anos).
- Meia-idade (41 até 64 anos).
- Idoso (65 anos em diante).

Escreva um programa que solicite uma idade e imprima a classificação correspondente.

EXERCÍCIO 3.10

→ Este programa irá exigir um pouco mais de testes. É comum que donos de cachorros calculem a "idade humana" equivalente de seus cães usando uma simples multiplicação por 7, mas a conta é um pouco mais complexa que isso. O envelhecimento de um cão depende de sua raça. Até os dois primeiros anos de cães de uma raça pequena, cada ano equivale a 12,5 anos humanos. Para os cães médios, esses dois anos contam 10,5 por ano e para os cães grandes, cada ano conta 9 anos. Acima de dois anos, temos de contar 5,2 anos por ano para um *beagle* (raça pequena), 5,7 para um *golden retriever* (raça média) e 7,8 para um pastor alemão (raça grande). Considere que um cão pequeno pesa até 3 quilos, um cão médio pesa entre 10 e 23 quilos e um cão grande tem acima de 23 quilos.

Escreva um programa que solicite o peso do cão e a sua idade. Com esses dados, seu programa deve calcular a "idade humana" do cão usando como exemplo os cães citados anteriormente.

3.5 ESTRUTURAS DE REPETIÇÃO

Como dito anteriormente, os computadores executam muito bem as tarefas repetitivas. Com frequência, temos de executar uma ação enquanto alguma condição seja verdadeira. Assim, por exemplo, quando procuramos um nome em uma lista, devemos ler nomes enquanto o nome lido for diferente daquele que procuramos. O mecanismo em algoritmos para isso é o bloco "Enquanto condição faça comandos":

Programação Estruturada

```
Enquanto condição for verdade
    execute comandos
```

Por exemplo, se quiséssemos calcular a soma de todos os inteiros até determinado número, ou seja, se eu digitar o número 10, meu programa irá somar 1 + 2 + 3 + 4 + 5 + 6 + 7 + 8 + 9 + 10 e dar o resultado da soma. Primeiro, é preciso armazenar o resultado entre cada execução do laço e depois executar o número de vezes determinado pela leitura. Um programa em Python seria:

```python
n = int(input('Qual o número final? '))
soma = 0
i = 1
while i <= n:
    soma = soma + i
    i = i + 1
print('A soma de 1 até ', n, ' = ', soma)
```

■ **Programa 3.11: soma_numeros.py.**

Este programa, apesar de funcionar corretamente, ainda apresenta um problema: se você digitar um número igual a zero ou negativo, o programa ainda assim dará uma resposta. Vamos consertar isso fazendo um teste sobre o número lido:

```python
n = int(input('Qual o número final? '))
if n > 0:
    soma = 0
    i = 1
    while i <= n:
        soma = soma + i
        i = i + 1
    print('A soma de 1 até ', n, ' = ', soma)
else:
    print('Use números positivos')
```

■ **Programa 3.12: soma_numeros_v2.py.**

Observe como a indentação deixa claro que o bloco 'while' está dentro do bloco 'if'. Se não for digitado um número positivo, o programa irá emitir uma mensagem e terminar.

Podemos aprimorar este programa e fazer com que termine apenas quando for digitado o número zero. Para tanto, vamos criar mais um nível para os blocos. O algoritmo ficaria:

```
Leia n
Enquanto n for diferente de 0 faça:
    Se n > 0 faça:
        soma números
    Senão
        escreva 'Use números positivos'
    Escreva a soma final
    Pergunte por novo n
```

Capítulo 3

Intencionalmente, mostrei apenas o que é essencial ao algoritmo, sem entrar em muitos detalhes. Não é necessário. O bloco da soma de números, por exemplo, pode ser implementado de diversas formas e deixando o bloco sem detalhes podemos modificar suas diversas implementações. Em Python, teríamos:

```
n = int(input('Qual o número final? (0 para terminar '))
while n != 0:
   if n > 0:
      soma = 0
      i = 1
      while i <= n:
         soma = soma + i
         i = i + 1
      print('A soma de 1 até ', n, ' = ', soma)
   else:
      print('Use números positivos')
   n = int(input('Qual o número final? (0 para terminar) '))
```

- **Programa 3.13: soma_numeros_v3.py.**

Perceba que as linhas de carga inicial dos valores de soma e i foram deslocadas para dentro do laço principal. Outra novidade aqui é o comando

```
while n != 0:
```

Em Python, "n != 0" é equivalente a dizer *n diferente de 0*.

Note como o programa é montado com diversos blocos, cada um sendo englobado por um bloco mais externo. A Figura 3.8 mostra isso esquematicamente.

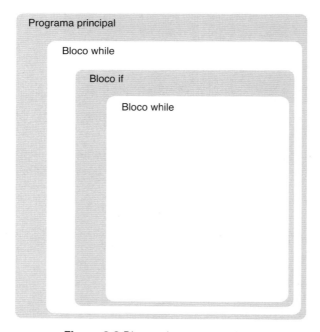

Figura 3.8 Blocos do programa 3.13.

Programação Estruturada

> **EXERCÍCIO 3.11**
>
> Escreva um programa que receba um número inteiro n e calcule a soma dos quadrados dos números até n-1. Exemplo: se n for igual a 3, seu programa deve dar o resultado da soma dos números $1^2 + 2^2$.

> **EXERCÍCIO 3.12**
>
> Escreva um programa que calcule a média dos números digitados pelo usuário. O programa deve calcular a média quando o usuário digitar o número zero.

Niklaus E. Wirth – 1934-

Niklaus Wirth é um cientista suíço, pioneiro em assuntos ligados à engenharia de software. Foi o criador da linguagem Pascal que, graças à sua sólida implementação dos conceitos da programação estruturada, foi durante anos a linguagem preferida para o ensino da programação em diversas universidades. Apesar de excelente para o ensino, Pascal nunca foi considerada uma linguagem bem adaptada a projetos profissionais em programação e, por isso, foi sendo substituída aos poucos por linguagens mais adequadas tanto ao ensino quanto ao uso profissional.

Além de Pascal, Wirth criou diversas outras linguagens, por exemplo, Modula-2 e Oberon. Por seu trabalho pioneiro em linguagens e sua inestimável contribuição nesta área, Wirth ganhou em 1984 o Prêmio Turing.

Wirth ainda é autor de importantes textos sobre o ensino da programação, bem como sobre engenharia de software.

Figura 3.9 Niklaus E. Wirth. Fonte: Reproduzida com permissão de Niklaus Wirth.

Capítulo 3

3.6 LAÇOS CONTADOS

Podemos também ter laços contados, ou seja, laços que têm definidos um número predeterminado de vezes em que será executado. Nesses laços podemos usar uma variável de controle do laço que acompanhará a contagem de vezes em que as instruções internas serão executadas. Como exemplo, ele pode ter a seguinte estrutura:

```
Para i igual a valor inicial,..,valor final faça
    execute comandos
```

Neste tipo de estrutura, a variável i vai assumir os valores `valor inicial` até `valor final` consecutivamente. Cada vez que assumir um desses valores, os comandos dentro do bloco serão executados.

Em Python, o comando para realizar esta estrutura é o "for". Sua sintaxe é um pouco diferente da maioria das linguagens, então é bom dedicarmos um tempo para entender melhor seu funcionamento.

O comando "for" em Python segue a sintaxe:

```
for variável in conjunto:
    comandos
```

A primeira linha diz que a variável vai assumir cada valor que esteja disponível em conjunto. Após isso, os comandos dentro do laço serão executados usando o valor atribuído à variável.

Um exemplo disso (sem entrar ainda em detalhes sobre listas em Python):

```
for i in ["Vermelho", "Verde", "Azul"]:
    print (i)
```

■ **Programa 3.14: cores.py.**

A execução deste programa fornece:

```
Vermelho
Verde
Azul
```

O que aconteceu? O comando `for` atribuiu à variável i sequencialmente os valores que estavam no conjunto usado no comando. Cada vez que `print` foi invocado, este possuía um valor diferente, e assim imprimiu os valores do momento.

Para fazer um laço contado com números vamos usar o comando `range` de Python. Exemplo:

```
for i in range(1,10):
    print (i, end=' ')
```

■ **Programa 3.15: contagem.py.**

Executando, obtemos:

```
1 2 3 4 5 6 7 8 9
```

96

Programação Estruturada

O comando `end` ao final do `print` simplesmente diz que o comando vai terminar sua impressão com um espaço em branco em vez de uma nova linha. Com isso conseguimos imprimir todos os números em uma única linha.

Mas o importante aqui é o comando `range(1,10)`. Este comando cria um conjunto com valores dentro da faixa especificada. Neste programa seria como se escrevêssemos:

```
for i in [1,2,3,4,5,6,7,8,9]:
    print (i,  end=' ')
```

■ **Programa 3.16: contagem2.py.**

Sempre que tivermos um laço contado podemos usar o comando `range(valor_inicial, valor_final)`, bastando lembrar que este irá criar um conjunto com valores entre o `valor_inicial` e `valor_final` menos 1.

Fato 3.4 – Sintaxe do comando `range`.

O comando `range` em Python pode ser usado de diversas maneiras para gerar uma sequência de números:

1. `range (valor)`: gera números entre zero e `valor` - 1. `range(10)` gera 0, 1, 2, 3, 4, 5, 6, 7, 8, 9.

2. `range (valor inicial, valor final)`: gera números entre `valor inicial` e `valor` - 1. `range(4,10)` gera 4, 5, 6, 7, 8, 9.

3. `range(valor inicial, valor final, passo)`: gera números entre `valor inicial` e `valor` - 1 com incrementos de `passo`. `range(4,10)` gera 4, 6, 8.

Podemos usar o comando `for` para fazer um programa que calcule o fatorial de um número. O fatorial de `n` é o resultado da multiplicação de todos os números entre 1 e `n`. Assim, o fatorial de 5 é igual a $5 \times 4 \times 3 \times 2 \times 1 = 120$.

Vamos ao programa:

```
n = int(input('Qual o número para calcular o fatorial? '))
fat = 1
for i in range(1,n+1):
    fat = fat * i
print ('O fatorial de ', n, 'é', fat)
```

■ **Programa 3.17: fatorial.py.**

Perceba que, para calcular fatorial de `n`, temos de fazer `range(1,n+1)`. Teste esse programa com alguns valores. Enquanto muitas linguagens de programação seriam limitadas pelo maior inteiro possível da máquina no qual o programa for executado, em Python podemos usar valores bem altos para `n`. Se chamarmos o programa com `n` igual a 100, o resultado é:

97

Capítulo 3

```
Qual o número para calcular o fatorial? 100
O fatorial de 100 é 9332621544394415268169923885626670049071596826
4381621468592963895217599993229915608941463976156518286253697920822
72237582511852109168640000000000000000000000000000
```

> **EXERCÍCIO 3.13**

Reescreva o Exercício 3.11 usando o comando `for`.

> **EXERCÍCIO 3.14**

Escreva um programa que calcule a temperatura equivalente em Fahrenheit para os graus Celsius entre 0 e 100 com intervalos de 10 graus.

> **EXERCÍCIO 3.15**

Escreva um programa que gere o seguinte padrão usando laços encaixados:

```
*
* *
* * *
* * * *
* * * * *
* * * *
* * *
* *
*
```

3.7 OBSERVAÇÕES FINAIS

Neste capítulo você aprendeu os blocos básicos da programação estruturada. Conhecer bem essa base permite que você tenha um controle maior sobre a complexidade dos programas que virá a escrever. É importante sedimentar bem esses conceitos. As linguagens de programação mais usadas fornecem, de uma forma ou de outra, mecanismos semelhantes para esses blocos. A sintaxe vai mudar, algumas linguagens permitem comandos de bloco mais poderosos, com mais opções, outras são mais simples e diretas, mas, conhecendo o conceito, você não terá dificuldade em entender como usar cada bloco na linguagem de programação com a qual irá trabalhar.

A orientação a objetos é um paradigma mais recente de programação, mas, mesmo dentro dele, é necessário ter conhecimento sobre a utilização dos blocos básicos apresentados neste capítulo.

Subalgoritmos

"Existem duas maneiras de construir um projeto de software. Uma é fazê-lo tão simples que obviamente não existam deficiências, e a outra é fazê-lo tão complicado que não existam deficiências óbvias." C. A. R. Hoare

O que você acha mais fácil: resolver dez problemas simples ou um único problema complexo? A maioria das pessoas responde que é melhor resolver dez problemas simples e essa é a base da programação estruturada. Dividimos sucessivamente um problema até chegarmos em algo muito simples que possamos resolver. Então, após resolver todos os pequenos problemas, juntamos todas as soluções de maneira coerente e resolvemos o problema original.

Algumas dessas soluções podem ser reutilizadas no futuro; caso você encontre subproblemas semelhantes, bastaria recuperar a solução que você já encontrou e adicioná-la ao seu programa principal. Durante anos e anos os programadores têm resolvido problemas e guardado soluções. Problemas que aparecem com frequência têm soluções guardadas em bibliotecas de soluções.

Da mesma forma que bibliotecas do mundo real guardam livros, bibliotecas de programas guardam trechos de código que resolvem problemas já encontrados antes. Você pode criar sua própria biblioteca de soluções!

Neste capítulo você aprenderá como dividir sua solução em subalgoritmos e como utilizar o conhecimento acumulado de soluções de pequenos e grandes problemas.

4.1 FLUXO DE EXECUÇÃO

Antes de falar dos subalgoritmos, vamos pensar um pouco sobre o fluxo de execução dos programas.

Como o seu programa executa? Até agora o programa sempre seguiu um fluxo: começa no início e percorre cada linha, executando uma única ação que a linguagem de programação sabe como fazer.

Capítulo 4

O programa pode repetir ações em laços, mas sempre é um bloco de execução. Uma vez terminado o laço, o fluxo de execução deve voltar à linha principal. Ao final, o conjunto dessas ações resolve o seu problema, ou deveria resolver!

O método dos refinamentos sucessivos, ou *top-down* (Seção 3.1), ensinou-o a dividir um problema em pequenas partes, cada uma mais simples que o problema original. Ao final desse processo, você pode ter que resolver diversas vezes o mesmo tipo de subproblema. O que fazer? Codificar cada vez que precisar dessa solução? Repetir o mesmo trecho, com um simples copiar-colar? Não seria nada prático. Podemos ter outra saída: encapsular essa solução em um subalgoritmo e usá-lo sempre que necessário. Como? Mudando o fluxo de execução do programa.

Antes vamos dar uma olhada em um programa simples. Vou repetir aqui o programa de fatorial 3.17 para facilitar, mas agora com as linhas numeradas.

```
1 n = int(input('Qual o número para calcular o fatorial? '))
2 fat = 1
3 for i in range(1,n+1):
4     fat = fat * i
5 print ('O fatorial de', n, 'é', fat
```

■ **Programa 4.1: Retomando fatorial.py (Programa 3.17).**

O fluxo de execução do programa segue as linhas 1, 2, (3, 4), 5. As linhas 3 e 4 formam um laço, então estou considerando-as uma só entidade, ou seja, um bloco.

Mas será que foi esse mesmo o fluxo de execução deste programa? Note que na linha 1 temos `int` e `input` que são o que chamamos de funções, na realidade subalgoritmos que quebram o fluxo de execução. A função `input` vai executar ações que leem do teclado. Para nosso estudo do momento, não importa como. Basta saber que em algum lugar da memória de seu computador existe uma função que sabe como ler do teclado, escrevendo uma mensagem na tela. Isso foi um desvio. Se fôssemos olhar em detalhes, veríamos que o fluxo não foi bem de 1 a 5. Foi muito mais complexo. Destrinchando o que aconteceu:

1. Um subalgoritmo chamado `input` escreveu na tela e leu o que foi digitado no teclado, retornando uma resposta.

2. Outro subalgoritmo chamado `int` transformou esta resposta em um número inteiro.

3. O valor retornado por `int` foi atribuído à variável `n`.

Tudo isso aconteceu apenas na linha 1. Podemos fazer o mesmo raciocínio para a linha 3 e para a função `range(1,n+1)` que aparece. Sim, `range()` também é um subalgoritmo. E na linha 5 temos a função `print()` que recebe valores para escrever na tela do computador.

A Figura 4.1 mostra que o fluxo de execução se comporta como um rio que sempre avança, mas que tem seus desvios de curso, seus redemoinhos, porém sempre voltando ao fluxo principal.

Subalgoritmos

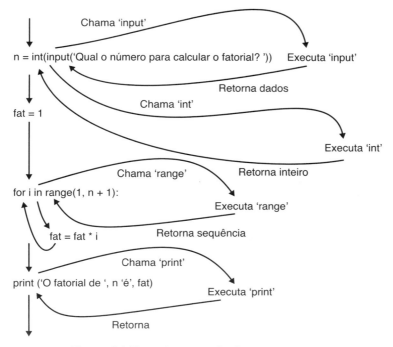

Figura 4.1 Fluxo de execução de um programa.

Você se lembra de que falei que programar era gerenciar entidades abstratas? A "entidade" abstrata do programa principal "chama" uma outra entidade que é o subalgoritmo. O subalgoritmo, "executa", ou seja, faz aquilo para o qual foi criado e então "retorna" ao fluxo principal. Perceba que este retorno pode também trazer informações para a linha do fluxo principal.

Esses subalgoritmos são chamados de funções ou procedimentos. As funções deste exemplo foram `input()`, `int()`, `range()` e `print()`. Cada uma tem um propósito específico dentro do programa:

input() vai ler alguma informação do teclado;

int() vai converter o que recebe para um número inteiro;

range() vai gerar uma sequência de números; e finalmente

print() vai escrever algo na tela.

Note que as funções podem receber uma informação para ser processada: `input()` recebe uma *string* que vai ser apresentada ao usuário, de modo que ele saiba que tem de digitar um número. Essa função também poderia ser chamada sem nenhum parâmetro, mas, neste caso, o usuário veria simplesmente um cursor na tela de seu computador esperando-o digitar um número. Se não souber que tem de fazer isso, nunca vai digitar nada. O texto digitado pelo usuário é retornado ao fluxo principal, mas este espera um número. Então é necessário mais um desvio para transformar o texto que veio de `input()` em um número, para que o fluxo principal continue.

101

Capítulo 4

A função `int()` recebe o que `input()` leu do teclado e transforma em um número inteiro. Perceba que uma função pode ser o parâmetro de outra.

Cada um recebe um dado e devolve outro. A função `print()` recebe o que deve escrever na tela.

Você se lembra do conceito de função na matemática? Aqui é bem parecido, no sentido que uma função sempre retorna um único elemento. "Ah!", você vai dizer: "`range()` retorna mais de um número". É verdade, mas `range()` retorna **uma sequência** de números. O que é retornado é empacotado em um único elemento. A função `print()` não retorna nada. Como você percebe, temos diversas possibilidades.

Todas essas são funções que já vêm com Python. Cada linguagem de programação tem seu próprio leque básico de funções que resolvem problemas comuns do programador. Quem criou a linguagem pensou: "Quais problemas são comuns à grande maioria dos programadores que vão usar a linguagem?" Escrever na tela e ler do teclado são funções evidentes. Seria muito ruim exigir que cada programador criasse suas próprias funções de escrita e leitura, e muitas dessas funções nem seriam possíveis usando apenas a linguagem Python. De fato, essas funções básicas, para serem eficientes, são implementadas em linguagem C ou mesmo em linguagem de baixo nível dos computadores.

O que não for da linguagem tem que ser criado. Olhando esse programa, você pode imaginar qual seria uma função boa para ser criada? Uma função que calcule o fatorial de um número seria bem útil. Fatorial é um cálculo que aparece em diversas situações e podemos criar nossa própria função.

Sendo assim, o programa seria reescrito com todas as funções já mencionadas mais uma: a função que calcula o fatorial, que chamaremos de `fatorial()`.

Você deve ter notado que sempre que escrevo o nome de uma função coloco parênteses logo em seguida. Não é obrigatório, mas serve para o leitor identificar rapidamente que estou falando de uma função e não de uma variável qualquer. O código seria o do Programa 4.2.

```
1 n = int(input('Qual o número para calcular o fatorial? '))
2 fat = fatorial(n)
3 print ('O fatorial de', n, 'é', fat)
```

■ **Programa 4.2: Fatorial como função.**

Ou, de uma forma ainda mais compacta:

```
1 n = int(input('Qual o número para calcular o fatorial? '))
2 print ('O fatorial de', n, 'é', fatorial(n))
```

■ **Programa 4.3: Fatorial como função, segunda versão.**

A chamada de uma função pode ser usada no lugar no qual você poderia usar uma variável do mesmo tipo do resultado da função. Como a função `fatorial()` tem

Subalgoritmos

como resultado um número inteiro, uma chamada a `fatorial()` pode ser usada no lugar de um número inteiro.

No entanto, ainda falta definir a função `fatorial()`. Nas próximas seções você vai descobrir como usar funções criadas por outros e também criar suas próprias.

4.2 MÓDULOS DE PYTHON

Já usamos algumas funções embutidas na linguagem: `int()`, `print()`, `input()`, por exemplo. Mas Python oferece muito mais. Para poupar o trabalho do programador, foram desenvolvidos módulos de programas que contêm diversas funções úteis para o dia a dia.

Vamos começar usando essas funções antes de criar as nossas próprias.

Diferente das funções vistas até aqui, que pudemos usar diretamente, para obter todo o potencial de Python, precisamos importar seus módulos. Um módulo é um arquivo que contém diversas funções agrupadas por assunto. Módulo é o nome que Python dá às suas bibliotecas de funções.

Um módulo importante é o `math`, de funções matemáticas. Ao escrever

```
import math
```

no seu programa, temos acesso a dezenas de funções matemáticas. Você não precisa "reinventar a roda". Além de funções matemáticas, `math` também fornece alguns valores úteis em cálculos matemáticos, como π (3,141592653589793) e o número de Euler _e_ (2,718281828459045). Para ter acesso aos valores, basta usar a palavra math seguida de um ponto antes do nome da constante. Veja o Programa 4.4.

```
1 import math
2 print('Pi:', math.pi)
3 print('Número de Euler:', math.e)
4 print('Absoluto:', math.fabs(-2.4))
```

■ **Programa 4.4: Constantes e valor absoluto.**

O resultado é o esperado:

```
Pi: 3.141592653589793
Número de Euler: 2.718281828459045
Absoluto: 2.4
```

Para chamar uma função de um módulo de Python, a sintaxe é a mesma:

```
nome_do_módulo.nome_da_função
```

Assim, se você quiser chamar a função que calcula o seno, você deve escrever:

```
math.sin(x)
```

em que `sin` é a função que calcula o seno e `x` é o ângulo em radianos para o qual você deseja o seno calculado.

103

Capítulo 4

Algumas funções úteis de `math` são:

math.sin(x) Retorna o seno de x (medido em radianos).

math.cos(x) Retorna o cosseno de x (medido em radianos).

math.pow(x,y) Retorna x^y, ou seja, x elevado à potência y.

math.sqrt(x) Retorna a raiz quadrada de x.

math.hypot(x) Recebe dois argumentos, x e y, e devolve a hipotenusa de um triângulo retângulo de lados x e y, ou seja, retorna $\sqrt{x^2 + y^2}$.

math.fabs(x) Recebe como argumento um número em ponto flutuante e devolve seu valor absoluto.

factorial(x) Recebe como argumento um número inteiro e devolve seu fatorial.

Para saber todas as funções do módulo `math`, você pode consultar on-line os diversos manuais disponíveis ou, muito mais rápido e simples, abrir um terminal no seu computador, digitar `python3` (ou simplesmente `python`, dependendo de sua instalação), `import math` e `dir(math)`, como na Figura 4.2.

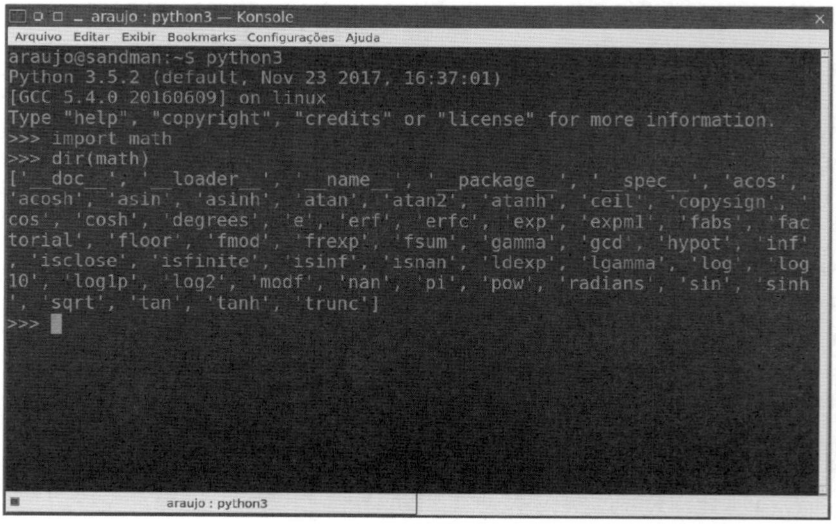

Figura 4.2 Console Python interativo.

Note que entre as funções de `math` existe uma que é o fatorial. Isso ensina uma coisa importante: sempre que você precisar resolver um problema, pense se já não existe um módulo de Python com a solução para ele. A biblioteca de módulos de Python é grande o suficiente para que as chances de encontrar uma solução já pronta sejam bem significativas.

Em resumo: **não tente reinventar a roda**. Aproveite o conhecimento adquirido e, a não ser que você tenha uma ideia genial de algoritmo para resolver o problema, a função existente na biblioteca de módulos deve ser a mais eficiente possível.

104

Subalgoritmos

Vamos fazer um programa simples em Python para usar o módulo de funções matemáticas. O Programa 4.5 cria uma tabela com os valores de seno e cosseno de ângulos entre 0 e 360 graus, a cada 30 graus.

A solução do problema de criar a tabela é simples, basta lembrar que as funções matemáticas trabalham com radianos e não graus. Assim, é necessário converter graus em radianos antes de montar a tabela. A fórmula de conversão, você já sabe, é *radianos = graus × π ÷ 180*.

```python
import math

print('Graus  Radianos Seno Cosseno')
for graus in range(0, 361, 30):
    rad = graus * math.pi / 180
    print(graus, rad, math.sin(rad), math.cos(rad))
```

■ **Programa 4.5: Tabela de senos e cossenos.**

A saída na tela deste programa deixa muito a desejar:

```
Graus  Radianos Seno Cosseno
0 0.0 0.0 1.0
30 0.5235987755982988 0.4999999999999994 0.8660254037844387
60 1.0471975511965976 0.8660254037844386 0.5000000000000001
90 1.5707963267948966 1.0 6.123233995736766e-17
120 2.0943951023931953 0.8660254037844387 -0.4999999999999998
150 2.6179938779914944 0.4999999999999994 -0.8660254037844387
180 3.141592653589793 1.2246467991473532e-16 -1.0
210 3.6651914291880923 -0.5000000000000001 -0.8660254037844386
240 4.1887902047863905 -0.8660254037844384 -0.5000000000000004
270 4.71238898038469 -1.0 -1.8369701987210297e-16
300 5.235987755982989 -0.8660254037844386 0.5000000000000001
330 5.759586531581287 -0.5000000000000004 0.8660254037844384
360 6.283185307179586 -2.4492935982947064e-16 1.0
```

Felizmente, Python tem como fazer esta saída mais apresentável, como uma tabela. Existe um comando `format` que especifica o tamanho de campos de impressão, formatando uma *string*. Aproveito também para usar a função de `math` que transforma graus em radianos, afinal, não vamos reinventar a roda. A versão melhorada está no Programa 4.6.

```python
import math

print ('{:>9}{:>9}{:>9}{:>9}'.format('Graus',
    'Radianos','Seno','Cosseno'))
for graus in range(0,361,30):
    rad = math.radians(graus)
    print ('{:>9.2f}{:>9.2f}{:>9.2f}{:>9.2f}'.format(graus,
    rad, math.sin(rad), math.cos(rad)))
```

■ **Programa 4.6: Tabela de senos e cossenos formatada.**

105

Capítulo 4

E a tabela impressa fica bem melhor:

```
   Graus    Radianos     Seno        Cosseno
    0.00     0.00        0.00          1.00
   30.00     0.52        0.50          0.87
   60.00     1.05        0.87          0.50
   90.00     1.57        1.00          0.00
  120.00     2.09        0.87         -0.50
  150.00     2.62        0.50         -0.87
  180.00     3.14        0.00         -1.00
  210.00     3.67       -0.50         -0.87
  240.00     4.19       -0.87         -0.50
  270.00     4.71       -1.00         -0.00
  300.00     5.24       -0.87          0.50
  330.00     5.76       -0.50          0.87
  360.00     6.28       -0.00          1.00
```

Não vou entrar em detalhes sobre a sintaxe do comando `format()`, pois é extensa e fugiria do assunto deste capítulo. Mas, resumindo o que foi feito, a primeira *string* é de formatação. Tudo que estiver entre chaves deve ter um correspondente dentro dos parênteses de `format()`. Desse modo, com 4 pares de chaves devemos ter 4 objetos para formatar. Os dois pontos (:) indicam que será especificada uma formatação, o sinal > indica alinhamento à direita, o número diz quantas casas serão usadas, no caso 9. O número após o ponto diz quantas casas decimais (2) serão usadas. Atente para o arredondamento do número. A letra `f` indica que é um número em ponto flutuante. Pesquise em manuais on-line de Python outras formatações.

Você pode também importar apenas as funções que precisam de `math` e, neste caso, não precisa colocar a palavra `math` antes de cada chamada de função. A sintaxe é 'from math import pi, sin, cos', como no Programa 4.7.

```python
from math import radians, sin, cos

print('{:>9}{:>9}{:>9}{:>9}'.format('Graus', 'Radianos',
                            'Seno', 'Cosseno'))
for graus in range(0, 361, 30):
    rad = radians(graus)
    print('{:>9.2f}{:>9.2f}{:>9.2f}{:>9.2f}'.format(
        graus, rad, sin(rad), cos(rad)))
```

■ **Programa 4.7: Tabela de senos e cossenos importando apenas as funções utilizadas.**

Nesta última forma, você digita menos, mas prefiro escrever mais e saber exatamente de onde estão vindo as funções de meu programa. A escolha é sua. Existe também a possibilidade de importar todas as funções de um módulo, usando 'from math import *'.

Subalgoritmos

> **EXERCÍCIO 4.1**

Expanda a tabela de senos e cossenos para incluir também a tangente, usando a função `math.tan()`. Cuidado! Você tem de se preocupar com as tangentes de 90 e 270 graus. Por quê? Trate estes casos especiais, evitando incorrer em erro. Use `math.inf` e `-math.inf` para indicar valores infinitos, positivos e negativos.

> **EXERCÍCIO 4.2**

Escreva um programa que imprima uma tabela das raízes quadradas dos números entre 1 e 100, com incrementos de 10.

> **EXERCÍCIO 4.3**

Escreva um programa em Python que leia um número e imprima a si mesmo, o seu quadrado e o seu cubo.

> **EXERCÍCIO 4.4**

Pesquise no manual on-line de Python outras funções matemáticas do módulo `math`, disponível em: https://docs.python.org/3/library/index.html.

4.3 FUNÇÕES

Até agora fomos apenas usuários das funções de Python. É hora de passar de usuários para criadores. Cada linguagem define sua forma de criar e utilizar uma função, mas quase todas se baseiam no fato de que uma função é chamada e depois retorna ao ponto original da chamada.

Python segue a seguinte sintaxe para definir uma função:

```
def nome_da_função(parâmetros separados por vírgula):
    corpo da função
```

Lembre-se dos dois pontos ao final da linha! Esta parte é o cabeçalho da função.

O nome de uma função segue as mesmas regras de um identificador qualquer em Python. Em seguida, o corpo da definição da função é escrito recuado de alguns espaços em relação à primeira coluna. Lembre-se de que em Python o recuo determina um bloco, por isso todas as linhas de uma função têm de ter este recuo ou mais, para o caso de blocos internos de uma função.

107

Capítulo 4

4.3.1 FUNÇÕES SEM RETORNO DE RESULTADOS

A lista de parâmetros, ou seja, as informações que a função vai tratar, vem entre parênteses com os parâmetros separados por vírgulas. Porém, uma função pode não receber nenhum parâmetro, ou seja, já tem toda a informação de que precisa para executar. Neste caso não haverá lista de parâmetros. Vamos começar por este caso simples.

```
def imprime_linha():
    print('**********')

imprime_linha()
```

■ **Programa 4.8: Programa que imprime linha de asteriscos.**

No Programa 4.8 definimos a função `imprime_linha()`, que imprime uma sequência de asteriscos na tela.

Note que a função não recebe nenhum parâmetro e não retorna nada a quem a chamou. Apenas imprime uma sequência de asteriscos e termina, retornando para o programa principal. Mesmo que a função não receba nada, é obrigatório o uso de parênteses logo após o nome, tanto na definição quanto na chamada. Isto faz com que fique evidente, na linha de execução, que se trata de uma chamada a uma função.

Contudo, digamos que você queira parametrizar o número de asteriscos, imprimindo um número variável, de acordo com suas necessidades. Você não precisa escrever uma função para cada número diferente de asteriscos que queira imprimir. Basta escrever a função de impressão com um **parâmetro**. Este parâmetro vai dizer à sua função quantos asteriscos você quer que sejam impressos em cada linha. Veja o Programa 4.9.

```
def imprime_linha(n):
    print('*' * n)

imprime_linha(5)
```

■ **Programa 4.9: Programa imprime linha de asteriscos com parâmetro.**

Um parâmetro é uma informação passada a uma função que irá processá-la, no caso, o número de asteriscos.

O programa principal chama a função `imprime_linha()` com o número 5. A função recebe este número e irá usá-lo para decidir quantos asteriscos serão impressos.

No corpo da função usei o parâmetro para multiplicar o caractere `'*'`. Fazendo n vezes `'*'` obtenho `'*****'`.

Podemos parametrizar ainda mais esta função. Digamos que eu não esteja contente com asteriscos. Quero poder imprimir qualquer caractere. Modificando o programa para que o mesmo solicite ao usuário essas duas informações: o número de caracteres e qual caractere imprimir.

108

```python
def imprime_linha(n, carac):
    print(carac * n)

num = int(input('Quantos caracteres você quer imprimir?'))
qual = input('Qual será o caractere a ser impresso?')
imprime_linha(num, qual)
```

■ **Programa 4.10: Programa que imprime linha de caracteres com parâmetro.**

Agora temos uma função com dois parâmetros. A posição destes parâmetros tem que ser a mesma na chamada e na definição da função. O primeiro parâmetro deve ser o número de caracteres, e o segundo qual caractere deverá ser impresso. O resultado é:

```
Quantos caracteres você quer imprimir?10
Qual será o caractere a ser impresso?#
##########
```

Finalmente, uma função pode chamar outra. Para ilustrar isto, veja o Programa 4.11 que desenha (ou tenta desenhar) uma "árvore de natal" com caracteres Ascii.

```python
def imprime_linha(n1, carac1, n2, carac2):
    print(carac1 * n1 + carac2 * n2)

def imprime_arvore():
    imprime_linha(5, ' ', 1, '@')
    imprime_linha(4, ' ', 3, '*')
    imprime_linha(3, ' ', 5, '*')
    imprime_linha(4, ' ', 3, '*')
    imprime_linha(3, ' ', 5, '*')
    imprime_linha(2, ' ', 7, '*')
    imprime_linha(1, ' ', 9, '*')
    imprime_linha(3, ' ', 5, '*')
    imprime_linha(2, ' ', 7, '*')
    imprime_linha(1, ' ', 9, '*')
    imprime_linha(2, ' ', 7, '*')
    imprime_linha(1, ' ', 9, '*')
    imprime_linha(0, ' ', 11, '*')
    imprime_linha(4, ' ', 3, '|')
    imprime_linha(3, ' ', 5, '|')

imprime_arvore()
```

■ **Programa 4.11: Programa que desenha uma "árvore" com caracteres Ascii.**

Nesse programa, a função que imprime a linha recebe mais dois parâmetros, permitindo que dois caracteres diferentes sejam impressos de acordo com quantidade determinada. A função `imprime_arvore()` chama `imprime_linha()` sucessivamente para desenhar uma árvore com alguns caracteres. O programa principal é composto somente de uma única chamada de `imprime_arvore()`, sem nenhum parâmetro. O resultado pode ser visto na Figura 4.3.

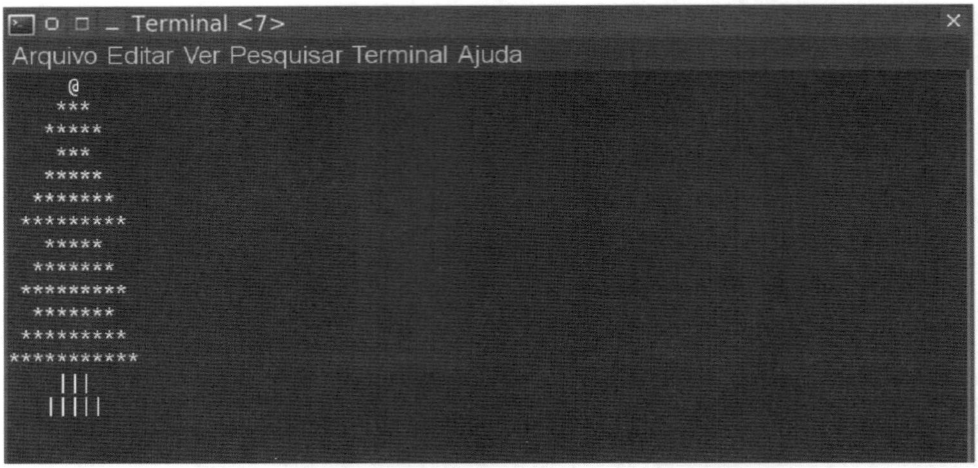

Capítulo 4

Figura 4.3 Árvore impressa com caracteres Ascii.

Python ainda oferece opções bem interessantes para passar parâmetros a uma função. Veja o Programa 4.12.

```
def imprime_linha(n=5, carac='*'):
    print(carac * n)

num = int(input('Quantos caracteres você quer imprimir?'))
qual = input('Qual será o caractere a ser impresso?')
imprime_linha(num, qual)
imprime_linha(num)
imprime_linha()
imprime_linha(carac='@', n=2)
```

■ **Programa 4.12: Programa que imprime linha de caracteres com parâmetro e opções padrão.**

Neste ponto, a definição da função `imprime_linha()` permite valores que serão assumidos caso nada seja enviado. No exemplo, se `imprime_linha()` for chamada sem nenhum parâmetro, assume os valores 5 e `'*'` para `n` e `carac`, respectivamente. Isso é útil se você deseja garantir um comportamento padrão da função, mesmo na ausência de parâmetros.

De fato, os parâmetros cujos valores foram indicados na definição de uma função passam a ser opcionais para quem chama. A equivalência de parâmetros funciona na ordem em que foram declarados. Assim, podemos fazer a chamada `imprime_linha(num)` e o valor padrão do caractere será assumido, mas se tentarmos chamar `imprime_linha(qual)`, obteríamos um erro, pois a chamada tentaria atribuir uma letra a um inteiro.

Outra opção útil é atribuir diretamente os valores dos parâmetros já na chamada. Neste caso, a ordem não importa. No programa, `imprime_linha(carac='@', n=2)` é equivalente a `imprime_linha(2, '@')`, porém com os parâmetros nomeados.

110

Subalgoritmos

EXERCÍCIO 4.5

→ Escreva um programa capaz de criar outras formas, usando uma função semelhante à que imprimiu a árvore.

EXERCÍCIO 4.6

→ Modifique o programa da árvore de natal para usar comandos `for in range()` em vez de escrever explicitamente cada linha. Você vai precisar de 4 laços com `for` para desenhar a mesma árvore.

EXERCÍCIO 4.7

→ Escreva uma função que dada uma nota entre *0.0* e *10.0* imprima na tela um conceito entre 'A' e 'E', segundo a tabela:

A ≥ 9.0   9.0 > B ≥ 8.0 8.0 > C ≥ 7.0   7.0 > D ≥ 5.0   E < 5.0

O que acontece com o seu programa se for digitada nota menor que zero ou maior que dez?

4.3.2 FUNÇÕES COM RETORNO DE RESULTADOS

Normalmente as funções retornam algum resultado para quem as chamou. Assim, a informação corre nos dois sentidos, entre quem chamou e a função chamada.

Apesar de termos visto que o módulo `math` já tem uma função fatorial, é instrutivo escrevermos nossa própria versão dessa função. Veja o Programa 4.13.

```
1  def fatorial(n):
2      fat = 1
3      for i in range(1, n + 1):
4          fat = fat * i
5      return fat
6
7  n = 5
8  resul1 = fatorial(n)
9  fat(4)
10 resul2 = fatorial(n + 1)
11 num = 10
12 resul3 = fatorial(num)
13 print("Resultados:", resul1, resul2, resul3)
14 print("Resultados:", fatorial(n), fatorial(n + 1),
15 fatorial(num))
```

■ **Programa 4.13: Função fatorial.**

111

Capítulo 4

A definição de fatorial segue a sintaxe já exposta. O corpo da função deve vir recuado.

Vale a pena analisar melhor como acontece o fluxo de execução desta função.

Como você percebe, os desvios de fluxo ocorrem não apenas para funções fora do seu arquivo-fonte, mas também para aquelas dentro dele. Para analisar os desvios, vamos ignorar as chamadas de print(). Olharemos apenas para os desvios dentro do programa na Figura 4.4.

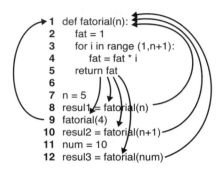

Figura 4.4 Desvios dentro do arquivo-fonte.

A cada chamada de fatorial(), o fluxo de execução desvia para a função fatorial(), calcula o fatorial e retorna um valor para a linha original da chamada.

Nas linhas 8, 10 e 12 a função fatorial() é chamada e retorna um valor que é atribuído a uma variável. As linhas de 7 a 14 compõem o chamado programa principal. O fluxo de execução inicia-se sempre no programa principal. Neste caso, a primeira linha executada é a linha 7.

Resumidamente, o fluxo de execução deste programa será: 7, 8, (1, 2, (3, 4), 5), 8, 9, ()1, 2, (3, 4), 5), 9, 10, (1, 2, (3,4), 5), 10, 11, 12, (1,2,(3,4), 5), 12, 13, 14, (1, 2, (3, 4), 5), 14, (1, 2, (3, 4), 5), 14, (1, 2, (3, 4), 5), 14.

Apresentei diversas possibilidades de parâmetros da função. Como está no programa, o valor de n em fatorial() pode ser substituído por qualquer expressão inteira. Uma tentativa de passar um valor não inteiro vai resultar em um erro de execução. Uma boa técnica de programação diria para evitar este tipo de erro, e o que foi passado para fatorial() deveria ser testado antes, para evitar o erro. Por enquanto, isso não é grave e vamos nos concentrar nos aspectos do fluxo de execução, mas no futuro você deverá ficar atento para evitar que o seu programa termine com tais tipos de erro.

O programa mostra que também pode ser usada uma expressão inteira, como n+1 como argumento da função, ou um valor inteiro literal, como 4. Finalmente, você pode usar qualquer nome de variável inteira para passar para fatorial(). A relação dessas variáveis com o valor de n da função fatorial() será mais bem compreendida nas próximas seções.

Subalgoritmos

EXERCÍCIO 4.8

→ Escreva uma função que receba um valor inteiro e devolva seu quadrado.

EXERCÍCIO 4.9

→ Escreva uma função `fahrenheit(celsius)` que receba um valor de uma temperatura Celsius e devolva seu equivalente em Fahrenheit. Usando esta função, imprima os valores equivalentes das temperaturas Celsius em Fahrenheit entre 0 e 100, com incrementos de 10. (Use $F = C \times \dfrac{9}{5} + 32$.)

EXERCÍCIO 4.10

→ Escreva uma função `celsius(fahrenheit)` que receba um valor de uma temperatura Fahrenheit e devolva seu equivalente em Celsius. Usando esta função, imprima os valores equivalentes das temperaturas Fahrenheit em Celsius entre 0 e 300, com incrementos de 10. Coloque comandos para que o usuário escolha os valores de início, fim e passo que serão usados como argumentos da função.

EXERCÍCIO 4.11

→ Escreva uma função `distancia(x1, y1, x2, y2)` que devolva a distância entre dois pontos cujas coordenadas cartesianas são `(x1, y1)` e `(x2, y2)`.

4.4 FUNÇÕES QUE RETORNAM MAIS DE UM RESULTADO

"Primeiro resolva o problema, então escreva o código". John Johnson.

Mencionei, logo no início deste capítulo, que uma função retorna apenas um resultado. Isso continua sendo verdade, mas podemos obter mais de uma resposta se essa resposta vier encapsulada.

Para tanto, apresentarei um algoritmo interessante de cálculo do valor de pi. Existem diversos métodos, este é apenas um dentre tantos, mas o que faz com que esse método seja único é basear-se em probabilidades.

Este exemplo também serve para mostrar que programar é muito mais que apenas escrever automaticamente alguns comandos em um editor de texto, é muito mais que saber a sintaxe de uma linguagem. Programar é uma atividade intelectual. Para isso, você precisa pensar, estudar, buscar soluções de problemas. Diversas áreas do conhecimento podem ajudá-lo a buscar melhores soluções. Não despreze nada.

113

Capítulo 4

Vamos ao problema: você precisa calcular o valor de pi, mas não tem nenhum instrumento à mão que lhe forneça este valor. Então você se lembra de que pi aparece naturalmente nas fórmulas que envolvem círculos e circunferências. Digamos que você tenha um círculo de raio r. Você sabe que a área de um círculo é dada pela fórmula

$$Ac = \pi r^2 \qquad \text{Eq. 4.1}$$

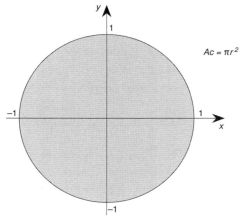

Figura 4.5 Círculo com raio 1 e centro em 0,0.

em que Ac é a área do círculo e r o seu raio. Desse modo, você deduz que se souber a área de um círculo, o valor de pi virá por:

$$\pi = \frac{Ac}{r^2} \qquad \text{Eq. 4.2}$$

Para facilitar ainda mais o seu cálculo, se o raio for igual a 1, a área do círculo será exatamente igual a pi.

$$\pi = Ac \qquad \text{Eq. 4.3}$$

Mas, como calcular a área do círculo se você não tem pi? Existe uma figura que ajuda você a calcular a área facilmente: o quadrado. Coloque o círculo dentro do quadrado e veja que a área do círculo será um pouco menor que a área do quadrado (Figura 4.6).

Se o raio r do círculo for igual a 1, o lado do quadrado será igual a 2 e consequentemente sua área será 4 (2^2). Um círculo de raio 1 tem área igual a `pi`. Portanto a área do círculo (Ac) está para a área do quadrado (Aq) assim como `pi` está para 4:

$$\frac{Ac}{Aq} = \frac{\pi}{4} \qquad \text{Eq. 4.4}$$

consequentemente:

$$\pi = 4 \times \frac{Ac}{Aq} \qquad \text{Eq. 4.5}$$

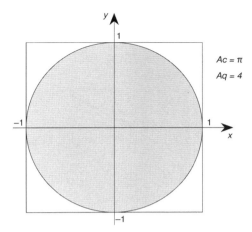

Figura 4.6 Círculo dentro de um quadrado de lado 2.

Ainda está difícil de resolver? Neste ponto é que entra a relação *Ac/Aq*. Vamos usar um método probabilístico. O que aconteceria se eu fizesse um alvo com o desenho do círculo dentro do quadrado e lançasse dardos aleatoriamente em direção a esse alvo? Estou jogando dardos às cegas, e a única certeza que tenho é de que os dardos vão atingir o quadrado. Quanto mais dardos eu lançar, mais a proporção entre os dardos que caíram dentro do círculo e o número total de dardos será próxima da relação entre a área do círculo e a do quadrado; parece mágica, mas é probabilidade.

Esse método tem um nome: método de **Monte Carlo**. Monte Carlo é uma cidade da Europa famosa por seus cassinos. Nosso jogo aqui é achar o valor de pi.

É claro que não vamos jogar dardos verdadeiros. Programar é criar um modelo do mundo. Faremos um programa que simule esse lançamento de dardos. Vamos gerar coordenadas cartesianas de pontos distribuídos aleatoriamente sobre o quadrado, para indicar em que ponto teriam caído os dardos lançados.

Vamos criar uma função para gerar pi, dado um número n de lançamentos. Um algoritmo para isso poderia ser:

Gerar n coordenadas x e y aleatórias. Para cada coordenada, testar se está dentro do círculo. Se estiver, incrementar o contador de coordenadas dentro. Ao final, pi será igual a 4 ×(contagem dentro do círculo) ÷ n.

E como eu sei se uma coordenada está dentro do círculo? Ora, trigonometria básica. Qualquer ponto que tenha distância ao centro maior que 1 está fora do círculo. Se o centro do círculo está no ponto *(0, 0)*, a distância de qualquer ponto interno ao círculo será menor que $\sqrt{x^2 + y^2}$.

Note que como estamos trabalhando com quadrados, não importa se x ou y têm valores negativos. Você pode programar este cálculo com os comandos básicos de Python, se quiser, mas se olhar as funções disponíveis em math, verá que já existe a função hypot(x, y) que calcula exatamente isso.

Capítulo 4

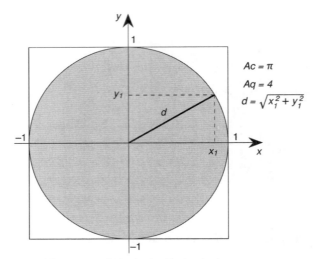

Figura 4.7 Cálculo da distância dos pontos.

O programa vai retornar o valor de pi e o erro associado quando comparado ao valor dado pelo módulo math. Com isso você vai ter uma boa ideia da exatidão do valor calculado por esse método.

Veja o Programa 4.14.

```
def calcula_pi(n):
    """Calcula pi e o erro associado a partir de n pontos."""
    return 0, 0

num = int(input('Quantos pontos devem ser sorteados? '))
pi, erro = calcula_pi(num)
print('Com', num, 'pontos, o valor de pi é', pi, 'com erro', erro)
```
- **Programa 4.14: Programa com função vazia.**

Achou algo estranho? É claro, o programa ainda não funciona. Escrevi-o dessa forma para mostrar-lhe um método de desenvolvimento de programas. Em vez de digitar todo o programa de uma vez, escrevi apenas seu esqueleto, ou seja, um esboço mínimo de que o programa precisa para funcionar. Apesar de não dar a resposta correta, este programa não tem erros de sintaxe e posso testar pelo menos a parte principal.

O programa principal vai ter uma pergunta ao usuário sobre quantos pontos deverão ser gerados. Lembrando que a função input() lê caracteres, de modo que precisamos usar int() para converter os caracteres em número. Em seguida é chamada a função que calcula o valor de pi e o erro associado. O que o programa retorna é um "tupla" com os dois valores. Na última linha, o programa imprime o que recebeu.

Subalgoritmos

> ### Dica 4.1 – Você não precisa ter o código completo desde o início.
>
> Quando começar a programar, o principal é ter um plano, um algoritmo para resolver o problema. Não se apegue demais à linguagem de programação, o risco de você ser limitado por essa linguagem é grande.
>
> Pense em um bom algoritmo e depois pesquise como implementá-lo com a linguagem que você está usando.
>
> Por exemplo, não é necessário saber como será feita a geração do número aleatório desde o início. Se Python não fornecesse uma função para isso, você teria que criar sua própria função, mas continuaria com seu algoritmo.
>
> Uma solução algorítmica nasce como algo abstrato. A linguagem de programação é o que vai fazê-la concreta.

É uma boa prática colocar um comentário antes da função explicando o que faz e o que devolve a quem a chamou. Não é obrigatório, mas serve para documentar sua função. Aqui usei uma *docstring* (veja Dica 4.2). Uma *docstring* é uma *string* que documenta os componentes de Python. Pode se estender por várias linhas. Por enquanto, mantenha apenas uma linha de documentação, com a informação direta sobre o que a função faz.

> ### Dica 4.2 – Documente suas funções com *docstring*.
>
> Python recomenda um sistema de documentação para seus componentes chamado **docstring**. A recomendação de uso de *docstring* vale para as funções mais importantes.
>
> As funções que são usadas apenas internamente ou que sejam muito simples poderiam ser documentadas usando apenas um comentário comum. Nada, porém, impede você de usar a *docstring* em todas as funções.
>
> Mas o que é uma *docstring*? Uma *docstring* é uma string de descrição de sua função, logo após a linha do cabeçalho. Na realidade, *docstring* é usada em outras situações, mas para nosso estágio de Python, basta usá-la no início da função. Lembra da função `hypot()` de `math`? O que você obtém como ajuda da função, chamando "`help(math.hypot)`" no ambiente interativo de Python é o resultado de uma *docstring*.
>
> Uma *docstring* de uma função fornece uma ajuda sobre o uso da função no contexto dos programas.
>
> Tecnicamente, uma *docstring* é delimitada por três aspas duplas e deve dizer o que a função faz e não como faz. Ex:
>
> """*Calcula pi e o erro associado a partir de n pontos.*"""
>
> Uma *docstring* errada seria:
>
> """*Calcula pi pelo método de Monte Carlo, usando a probabilidade de um ponto estar em um círculo.*"""
>
> Esta primeira descrição deve ser sucinta e caber em uma linha, sendo sempre terminada por ponto, exclamação ou interrogação.
>
> A sintaxe de *docstring* permite mais linhas para uma descrição mais completa, mas, mesmo assim, nunca descrevendo como é realizada a função.
>
> Detalhes do "como" podem ser escritos como comentários normais dentro do código. Isso permite que se um dia você modificar o método de solução, a função permanece com o mesmo cabeçalho.
>
> Então, minha dica é: use a *docstring* para descrever sua função de forma direta e sucinta. Acostume-se a sempre fazer isso. Ao longo do tempo você verá como este hábito vai ajudá-lo a escrever programas melhores.

Capítulo 4

Por que escrever assim e não o programa inteiro direto? Da forma como está, o programa pode ser testado para que você veja se os dados foram entrados corretamente. Se houver erro, o programa pode ser consertado. É claro que a resposta do programa neste estágio será errada, mas não é o que importa neste momento. Só quero testar se a entrada de dados está correta e se a impressão do resultado não tem problemas. A execução do programa resulta em:

```
Quantos pontos devem ser sorteados? 12
Com 12 pontos, o valor de pi é 0 com erro 0
```

Perceba que a função está vazia, mas tem seus valores de retorno atribuídos. O valor zero serve apenas para testar. Se não der erro, podemos passar para a próxima fase.

Na próxima versão do nosso programa, vamos avançar, mas ainda não será a versão final.

```
1  import math
2
3  def gera_coordenadas_aleatorias():
4      """Gera par de coordenadas aleatórias."""
5      x = y = 0
6      return x, y
7
8  def coordenadas_dentro_circulo(x, y):
9      """Testa se coordenadas estão dentro do círculo de raio 1."""
10     return True
11
12 def calcula_pi(n):
13     """Calcula pi e o erro associado a partir de n pontos."""
14     conta_circulo = 0
15     for i in range(n):
16         x, y = gera_coordenadas_aleatorias()
17         if coordenadas_dentro_circulo(x, y):
18             conta_circulo += 1
19     pi = 4 * conta_circulo / n
20     erro = math.fabs(pi - math.pi)
21     return pi, erro
22
23 num = int(input('Quantos pontos devem ser sorteados? '))
24 pi, erro = calcula_pi(num)
25 print('Com', num, 'pontos, o valor de pi é', pi, 'com erro',
26     erro)
```

■ **Programa 4.15: Programa que calcula pi. Versão com math.**

Avançamos, e agora a função `calcula_pi()` já começa a ter um corpo. Foram acrescentadas duas funções: uma que gera as coordenadas aleatórias e outra que testa se as coordenadas estão dentro do círculo.

Repare na forma usada no teste para descobrir se a coordenada está dentro do círculo. A função que testa a coordenada deve retornar `True` ou `False`. Em geral os principiantes na programação gostam de um teste bem explícito:

```
if coordenadas_dentro_circulo(x, y) == True
```

Ora, esta construção é redundante. O `if` já testa se um valor é verdadeiro, então não precisa testar o retorno da função contra `True`. Veja que da forma como está escrito no programa, fica até mais legível. Você diz, em português:

"Se a coordenada está dentro do círculo..."

e não

"Se a coordenada que está dentro do círculo é igual à verdade".

O módulo `math` foi necessário para a função `math.fabs()`, que devolve o valor absoluto de um número em ponto flutuante. Essa função seria facilmente codificada, mas uma rápida olhada na referência de `math` mostrou essa função. Por isso, lembre-se sempre de olhar a biblioteca de funções de um módulo antes de sair programando.

Neste ponto, a função `gera_coordenadas_aleatorias()` gera sempre a mesma coordenada (0,0) e o teste para saber se um ponto está dentro do círculo responde sempre que sim.

```
A execução deste programa resulta em:
Quantos pontos devem ser sorteados? 12
Com 12 pontos, o valor de pi é 4.0 com erro 0.8584073464102069
```

O programa continua dando o resultado errado. Ainda faltam duas funções para serem codificadas, mas podemos testar se pelo menos o que escrevemos até este ponto está sintaticamente correto. Até aqui tudo bem.

Para a versão final, precisamos ver como funciona a geração de números aleatórios em Python, por meio do módulo `random`.

A função `random()` gera um número randômico entre 0.0 e 1.0 (intervalo $[0.0, 1.0)$). Perceba que essa faixa de valores não é bem aquilo de que precisamos, mas serve perfeitamente. Para nosso cálculo era preciso que gerássemos números aleatórios entre -1 e $+1$, mas `random` gera apenas entre 0 e 1. Mas, pense bem: números negativos importam neste caso? Não tem problema mudar seu plano original, se uma melhor opção se apresenta. O desenvolvimento de software é cheio de idas e vindas.

Para calcular a distância dos pontos ao centro vamos elevar ao quadrado cada componente da coordenada cartesiana, então os números negativos desaparecem. Essa operação vai gerar pontos apenas no quadrante superior direito. Olhando a Figura 4.8 você percebe que este quadrante corresponde a um quadrado de área igual a 1. Nesse caso, pegamos apenas 1/4 do círculo de raio 1 e área π, ou seja, voltamos à fórmula original que diz que a proporção dos pontos será de $\pi/4$.

```python
import random as r
import math as m

def gera_coordenadas_aleatorias():
    """Gera par de coordenadas aleatórias."""
    x = r.random()
    y = r.random()
    return x, y
```

Capítulo 4

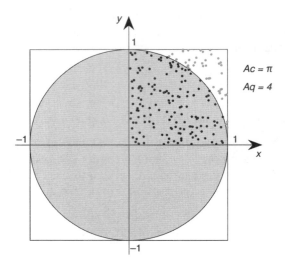

Figura 4.8 Quadrante com 200 pontos gerados aleatoriamente.

```
def coordenadas_dentro_circulo(x, y):
    """Testa se coordenadas estão dentro do círculo de raio 1."""
    return m.hypot(x, y) < 1

def calcula_pi(n):
    """Calcula pi e o erro associado a partir de n pontos."""
    conta_circulo = 0
    for i in range(n):
        x, y = gera_coordenadas_aleatorias()
        if coordenadas_dentro_circulo(x, y):
            conta_circulo += 1
    pi = 4 * conta_circulo / n
    erro = m.fabs(pi - m.pi)
    return pi, erro

num = int(input('Quantos pontos devem ser sorteados? '))
pi, erro = calcula_pi(num)
print('Com', num, 'pontos, o valor de pi é', pi, 'com erro',
    erro)
```

■ **Programa 4.16: Programa que calcula pi. Versão final.**

No Programa 4.16, mais duas novidades. As linhas iniciais:

```
import random as r
import math as m
```

dizem para importar os módulos random e math como r e m, respectivamente. Isso significa que podemos escrever as referências de maneira mais compacta. O módulo math passa a ser simplesmente m e random, r.

A função coordenadas_dentro_circulo() devolve um valor True ou False (Verdadeiro ou Falso) de acordo com o resultado do teste, se o ponto está dentro do círculo ou não. Usa a função `hypot()` de Python com a coordenada do ponto *(x, y)*, considerando o centro em *(0,0)*. Não é preciso fazer o cálculo e testar, possivelmente com o comando `if`, se o valor retornado por `hypot()` é menor que 1; basta devolver o próprio resultado do teste. Você poderia escrever a seguinte função:

```python
def coordenadas_dentro_circulo(x, y):
    """Testa se coordenadas estão dentro do círculo de raio 1."""
    distancia = m.hypot(x, y)
    if distancia < 1:
        return True
    else:
        return False
```

Se queremos apenas o resultado do teste, é redundante executar tantas operações. Mesmo se fizéssemos o teste com o `if`, a opção `else` não seria necessária. Uma forma mais compacta poderia ser:

```python
def coordenadas_dentro_circulo(x, y):
    """Testa se coordenadas estão dentro do círculo de raio 1."""
    distancia = m.hypot(x, y)
    if distancia < 1:
        return True
    return False
```

Percebeu a diferença? Se o comando `if` provoca o término da função, escrever a cláusula `else` é redundante. O fluxo de execução só chega ao comando após o `if` se o teste der falso. De qualquer modo, a melhor maneira de escrever a função `coordenadas_dentro_circulo()` é a apresentada no programa:

```python
def coordenadas_dentro_circulo(x, y):
    """Testa se coordenadas estão dentro do círculo de raio 1."""
    return m.hypot(x, y) < 1
```

Execute o programa escolhendo valores baixos e altos e veja quão bom é este método probabilístico. Por exemplo:

```
Quantos pontos devem ser sorteados? 500000
Com 500000 pontos, o valor de pi é 3.141168 com
erro 0.0004246535897931558
```

Os resultados variam a cada vez que o programa é executado, e é assim mesmo, afinal este é um método probabilístico. O método de Monte Carlo serve para muitas outras situações. Tem aplicação em estudos de viabilidade econômica, análise de riscos, análise de ações, computação gráfica, geologia e muitas outras áreas.

EXERCÍCIO 4.12

Modifique o programa que calcula pi para perguntar diversas vezes pelo número de pontos a serem sorteados, calculando pi para cada pedido. O programa deve terminar quando for digitado '0'.

Capítulo 4

> **EXERCÍCIO 4.13**
>
> → Use o módulo random para simular o lançamento de um dado de 6 lados. Use a função `randint()`.

Fato 4.1 – Um programa não gera números aleatórios.

Um programa de computador é um mecanismo determinístico. Segue regras e desta forma qualquer número gerado pela função `random()` ou semelhante não é verdadeiramente aleatório.

O que acontece é que o número gerado tem um cálculo projetado de tal maneira que não conseguimos descobrir a lógica de sua formação apenas observando a série gerada. Desse modo, dizemos que o número gerado é **pseudoaleatório**. Normalmente isto não é um problema, adequando-se perfeitamente às necessidades computacionais desses números.

Existem maneiras de gerar números verdadeiramente aleatórios, mas esses métodos se baseiam em algum mecanismo externo ao programa, em geral com um hardware especial para isso.

A Intel, fabricante de chips de computador, produziu um mecanismo em hardware de seus processadores para gerar números aleatórios, porém muitos programadores rejeitam esse método por desconfiarem da segurança dos números gerados.

4.5 PASSAGEM DE PARÂMETROS

> *"Quando eu uso uma palavra",* disse Humpty Dumpty num tom bastante desdenhoso, *"essa palavra significa exatamente o que quero que signifique: nem mais nem menos."*
> *"A questão é",* disse Alice, *"se é possível fazer com que as palavras signifiquem tantas coisas diferentes."*
> *"A questão",* disse Humpty Dumpty, *"é saber quem vai mandar – só isto."*
> Lewis Carroll, *Alice no País das Maravilhas*

Uma função recebe informações que serão usadas para devolver um resultado. Essas informações são os parâmetros e são passadas por quem chama a função. Tanto pode ser o programa principal ou outra função. Esse mecanismo de enviar informações para uma função é chamado de passagem de parâmetros.

É importante entender como é feita a passagem de parâmetros em um programa de computador. Cada linguagem realiza esta tarefa segundo suas regras. As duas formas mais frequentes, nas linguagens de programação, são chamadas de "passagem por valor" e "passagem por referência".

Python não se encaixa bem em nenhuma das duas.

Não importam muito os nomes que damos para as formas de passagem de parâmetros, o que importa é entender o que realmente ocorre. Entender como funciona a passagem de parâmetros evita muitas surpresas desagradáveis durante a execução de um programa.

122

Subalgoritmos

No programa 4.13, o parâmetro de `fatorial()` é a variável n. Na linha 8 temos a chamada a `fatorial(n)`. Neste momento você tem duas variáveis com o mesmo nome, n. Apesar de terem o mesmo nome, estas duas variáveis são entidades diferentes.

O que aconteceu então? Python faz a ligação de nomes com objetos. Para ilustrar melhor este conceito, veja o Programa 4.17.

```
1  def foo(n):
2      print('n - id:', id(n), 'valor:', n, 'em foo ')
3      n = 0
4      print('n - id:', id(n), 'valor:', n, 'em foo ')
5
6  n = 42
7  print('foo - id:', id(foo))
8  print('n - id:', id(n), 'valor:', n)
9  foo(n)
10 print('n - id:', id(n), 'valor:', n)
```

■ **Programa 4.17: Função Passagem de parâmetros.**

Quando executado, o programa fornece a saída:

```
foo - id: 139624851768456
n - id: 10920736 valor: 42
n - id: 10920736 valor: 42 em foo
n - id: 10919392 valor: 0 em foo
n - id: 10920736 valor: 42
```

A função `id()` fornece o identificador de um objeto, ou seja, grosso modo, uma identidade, um número associado ao objeto. O objeto, no caso, é o número 42, não a variável n. Como o nome de uma função também é um identificador, podemos usar `id()` para descobrir o objeto ao qual a função está associada. É uma informação em nível de máquina, mas que serve para demonstrar o que acontece quando você passa um parâmetro para uma função em Python. O resultado de `id()` vai ser diferente em cada computador e mesmo a cada vez que o programa for executado.

O que o programa está mostrando é o identificador de `foo()` e de n para cada trecho do programa. A execução do programa mostra como o identificador de n muda.

Talvez ainda esteja confuso. É a primeira vez que vemos isso. A Figura 4.9 ajuda a entender o que está acontecendo.

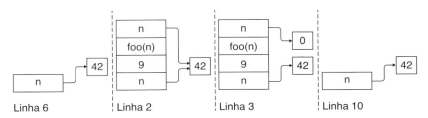

Figura 4.9 Pilha de execução do Programa 4.17.

Capítulo 4

Python faz a ligação de um nome de variável com um objeto na memória. Vamos analisar cada parte da figura.

Linha 6. No caso, na linha 6, Python liga o nome n ao identificador *10920736*. Na área da memória referenciada por este identificador, está armazenado o valor *42*. O identificador *10920736* é como um CPF ou endereço de *42*, e indica de maneira única em que local está o número *42* na memória do computador. Nesse momento apenas a variável n está na pilha.

Linha 2. Quando for chamada a função foo(), o parâmetro n de foo() também estará ligado ao mesmo identificador de n anterior, *10920736*; afinal essas variáveis se referem ao mesmo objeto de valor *42*. A função chamada precisa saber em que ponto do programa deve retornar o fluxo de execução. Foi chamada quando o fluxo estava na linha 9. Isso vai para a pilha. As variáveis locais da função têm vida enquanto a função é executada; portanto, são temporárias. Essa informação também vai para a pilha. Uma pilha guarda dados de tal forma que, para liberar a área mais inferior, é preciso liberar antes a parte de cima, como uma pilha de pratos. Dessa forma, quando o fluxo de execução chega à linha 2, esta pilha de informações guarda a linha de retorno (9), a função chamada, foo(n), e o seu parâmetro, n. Estou abstraindo muitos detalhes para me concentrar no essencial.

Linha 3. Você se lembra de que um inteiro é um objeto **imutável** em Python? Quando é feita uma nova atribuição, na linha 3, o nome n passa a ser ligado a uma nova área de memória, portanto a um novo identificador: *10919392* com valor *0*. O nome n original não foi modificado e permanece indicando o valor *42*.

A Figura 4.9 mostra que quando o programa executa a linha 6, há apenas uma variável n que referencia o número 42. Quando a linha 2 é executada, ou seja, o início da função foo(), o valor de n, local a foo(), referencia o mesmo inteiro 42. Contudo, assim que é feita uma atribuição a n, este perde a ligação com o 42 original e vai referenciar o novo inteiro zero.

Linha 10. Quando a função foo() termina a execução, o endereço de retorno é pego na pilha e o fluxo volta à linha seguinte. Toda a parte da pilha que tinha sido alocada para executar a função foo() é liberada, e o fluxo do programa continua.

EXERCÍCIO 4.14

→ Faça um desenho com a evolução da pilha, nos moldes da versão simplificada da Figura 4.9, para a execução do Programa 4.16.

4.5.1 PASSAGEM POR VALOR OU REFERÊNCIA? NENHUMA DAS DUAS

Em Computação temos várias formas de passagem de parâmetros: valor, referência, valor-referência, resultado, nome, e o que mais se imagine. Ao longo do tempo, duas formas se estabeleceram como mais usadas: **por valor** e **por referência**.

Olhemos o Programa 4.18.

```
1 def foo(num):
2     num = 0
3
4 n = 42
5 foo(n)
6 print('n =', n)
```

- **Programa 4.18: Passagem de parâmetros.**

Resumindo as duas formas: na passagem **por valor**, é feita uma cópia da variável para a função. Deste modo, qualquer alteração feita dentro da função não afeta a variável original. Se o Programa 4.18 usasse passagem por valor, seu comportamento seria o da Figura 4.10.

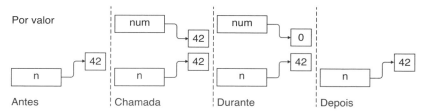

Figura 4.10 Passagem de parâmetros por valor.

Na passagem por referência, é passada uma referência à variável original e tudo o que se faz dentro da função afeta essa variável. Para o nosso programa, seria como na Figura 4.11.

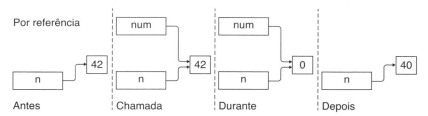

Figura 4.11 Passagem de parâmetros por referência.

Como vimos, Python passa uma referência, mas, no exemplo, quando é feita uma modificação na variável da função, essa linguagem cria uma nova referência para ela. Isto leva alguns autores a dizerem que Python passa parâmetros por valor e outros que passa por referência. Uma terceira via diz que Python passa por valor-objeto. Que confusão! (Figura 4.12)

A forma pela qual Python vai tratar o parâmetro é mais ligada ao fato de a variável ser mutável ou imutável. Um inteiro é um objeto imutável e, portanto, não é possível usar a referência para modificar o valor original usado na chamada. Quando virmos objetos mutáveis, Python vai passar a se comportar mais como se fizesse a passagem por referência.

Capítulo 4

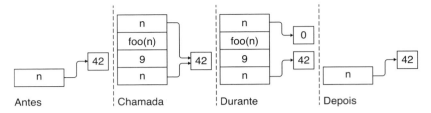

Figura 4.12 Passagem de parâmetros em Python.

Não se preocupe com o nome dado. Entenda o que Python faz sem procurar classificar.

4.6 GLOBAL OU LOCAL

Você já deve ter percebido que o nome de uma variável sempre deve aparecer primeiro do lado esquerdo de uma expressão. Isto quer dizer que uma variável deve ser criada antes de ser usada.

Um programa do tipo:

```
1  y = x + 1
2  x = 0
```

tem obviamente um erro. Não posso usar o valor de x antes de definir seu valor. A partir do momento em que uma variável é criada, já pode ser usada.

Porém, a variável tem um escopo. O escopo de uma variável diz onde, dentro de seu programa, você pode referenciá-la. No caso apresentado é óbvio: o escopo da variável x inicia a partir da linha 2.

Quando uma variável é criada dentro de uma função, seu escopo é o corpo dessa função. Fora da função, a variável não existe. Da mesma forma, variáveis criadas fora de qualquer função são variáveis globais, e assim são visíveis em qualquer função chamada após a sua criação.

Vamos a um exemplo.

```
1  global_y = 1
2
3  def foo(par):   #par existe somente dentro de foo()
4      local_y = 20
5      print('local_y =', local_y)
6      print('global_y =', global_y)
7      for i in range(1, 2):
8          print('i =', i)
9      print('i =', i)
10
11 foo(global_y)
```

- **Programa 4.19: Variáveis globais e locais.**

126

Subalgoritmos

O Programa 4.19 tem como resultado:

```
local_y = 20
global_y = 1
i = 1
i = 1
```

A variável `global_y` é global, pois foi declarada fora do corpo de qualquer função. Essa variável pode ter seu valor acessado em qualquer ponto do programa. Já as variáveis `par`, `local_y` e `i` são locais à função `foo()`. Isto quer dizer que somente dentro do corpo de `foo()` as duas podem ser manipuladas. Uma variável como `i`, criada para o laço `for` continua a existir dentro da função, mesmo depois que o laço termina. No caso, essa variável guardará o último valor de `i`. Nunca é uma boa ideia usar esse tipo de valor fora do laço, por isso é melhor ignorar esse fato.

Vejamos outra situação.

```
1 y = 1
2
3 def foo():
4     y = 42
5     print('y =', y)
6     print('x =', x)
7
8 x = 84
9 foo()
```

■ **Programa 4.20: Variáveis globais e locais com mesmo nome.**

Esse programa tem o seguinte resultado:

```
y = 42
x = 84
```

O resultado comprova que x é uma variável global, mesmo sendo criada depois da definição da função. O importante aqui é que foi criada antes da chamada a `foo()`, mas, o que aconteceu com y?

A variável y local à função tem precedência sobre a variável y global, assim o valor impresso é 42.

Veja a seguinte situação de erro:

```
y = 1

def foo():
    print('y =',y)
    y = 42

foo()
```

■ **Programa 4.21: Variáveis globais e locais com mesmo nome e erro.**

A variável y tem precedência sobre a y global, mas como foi feita a tentativa de imprimir seu valor antes de ser criada, o interpretador Python acusou um erro. Isso

127

Capítulo 4

ensina algo importante: uma variável local existe a partir do momento em que é criada, mas seu escopo é toda a função na qual foi definida.

Mais uma situação de erro.

```
def foo():
    print('y =',y)
    print('x =',x)

y = 42
foo()
x = 84
```

■ **Programa 4.22: Variáveis globais e erro.**

Nesse último caso, a variável `y` é acessada corretamente por `foo()`. O problema é a variável `x`. Veja que, apesar de `x` ser global, é criada após a chamada a `foo()`, não sendo portanto ainda conhecida.

Esses erros nem são tão graves, pois o interpretador Python vai avisar antes da execução e você pode corrigir. O pior são as consequências não evidentes das variáveis globais.

Dica 4.3 – Evite variáveis globais. Evite dores de cabeça.

Variáveis globais são uma grande fonte de dor de cabeça: dificultam a manutenção do código e têm o que chamamos de "efeito colateral". A modificação do valor de uma variável global se propaga por todas as funções e pode afetar o comportamento da função.

Use apenas valores globais para constantes e mesmo assim indique isso em letras maiúsculas:

```
C = 299792458 #m/s
```

Até mesmo nesses casos, pense se a constante global é realmente necessária ou se poderia ser declarada como variável local dentro de uma função.

Porém, fique atento: Python não fornece suporte a constantes. Crie apenas a variável e não a altere. O uso dos caracteres maiúsculos serve para ficar evidente que esta variável não deve ser modificada.

Como toda variável declarada fora de funções é global, uma solução para não ter nenhuma variável global é declarar tudo que iria na parte principal como uma função e chamá-la logo no início da execução do programa. Por exemplo, o Programa 4.16 poderia ficar sem variáveis globais com uma pequena modificação.

O nome da função que vai conter tudo que iria no fluxo principal pode ser o que você quiser. A escolha do nome `main()` ajuda, pois é um nome usado normalmente por várias linguagens como a primeira função a ser executada.

```
25 def main():
26     num = int(input('Quantos pontos devem ser sorteados? '))
27     pi, erro = calcula_pi(num)
28     print('Com', num, 'pontos, o valor de pi é', pi, 'com erro',
    erro)
```

Subalgoritmos

```
29
30 main()
```

■ **Programa 4.23: Programa que calcula pi sem variável global.**

EXERCÍCIO 4.15

→ Identifique as variáveis globais e locais do Programa 4.16.

4.7 TENTE OUTRA VEZ

O Programa 4.23 tem ainda um pequeno problema. Veja esta execução:

```
Quantos pontos devem ser sorteados? 12.3
Traceback (most recent call last):
  File "calcula_pi.py", line 25, in <module>
    num = int(input('Quantos pontos devem ser sorteados? '))
ValueError: invalid literal for int() with base 10: '12.3'
```

O que acontece é que se o usuário não digitar um número inteiro, o programa vai terminar com uma mensagem de erro. A mensagem diz exatamente em que linha ocorreu o erro e qual foi esse erro.

No caso, o erro está na última linha: **ValueError**, que significa que a função `int()` recebeu um argumento literal inválido. Esperava uma *string* que pudesse ser convertida para um número inteiro, porém recebeu uma *string* com um número em ponto flutuante. O mesmo aconteceria se você digitasse letras em vez de números.

Como resolver isso?

Seria possível não entregar diretamente o que foi lido por `input()` a `int()`, fazer testes antes de passar o parâmetro. Mas Python tem uma solução melhor e mais geral.

Veja o Programa 4.24.

```
25 def main():
26     while True:
27         try:
28             num = int(
29                 input(
30                     'Quantos pontos devem ser sorteados? '))
31             break
32         except ValueError:
33             print('Erro: Somente números são aceitos.')
34     pi, erro = calcula_pi(num)
35     print('Com', num, 'pontos, o valor de pi é', pi,
36         'com erro', erro)
37
38 main()
```

■ **Programa 4.24: Programa que calcula pi com teste de entrada de dados.**

129

Capítulo 4

O trecho do programa que lê a entrada de dados ficou mais longo, porém, agora assegura que os dados estarão corretos. A parte relevante está entre as linhas 26 e 33.

A ideia é a seguinte: começamos com um laço sem fim. A expressão `while True:` determina um laço sem condição de fim, pois True sempre será verdade. Em seguida temos o conjunto `try ... except...`. O que estiver dentro do bloco do `try` vai ser tentado. Se este trecho de código gerar uma "exceção", assim que for gerada, o bloco do `except` será executado. No caso da linha 29 gerar a exceção, a linha 31 não será executada e o fluxo passa imediatamente para a linha 32.

Se a leitura do valor for correta, o comando `break` "quebra" o laço `while`, isto é, o laço `while`, que era infinito, vai ser interrompido e o fluxo do programa continua na linha seguinte ao bloco do `while`. Desse modo, se a leitura do inteiro for correta, o programa continua executando e ignora o bloco do `except`.

A estratégia do bloco `try...except` é deixar o erro acontecer e depois tratá-lo. No Programa 4.24, enquanto o usuário não digitar um número inteiro, ele vai continuar pedindo um número.

Podemos dizer que Python tem dois tipos de erros: os de sintaxe, que aparecem porque escrevemos algum código em desacordo com a sintaxe da linguagem, e os erros de execução, aqueles que são provocados por uma condição que surge causada por alguma situação não prevista pelo código. Esses erros são chamados de **exceções**. Nesse caso, o programa não previa que o usuário pudesse digitar algo diferente de um número inteiro.

Quando ocorre uma exceção, Python emite uma mensagem de erro, mas você pode "**capturar**" a exceção. Capturar uma exceção, no jargão da Computação, quer dizer tratar um erro em tempo de execução. Python informa o tipo de erro que ocorreu e é possível fazer algo para corrigi-lo, no caso, pedir novamente ao usuário para digitar um número inteiro, ou fechar o programa de forma elegante. Não é nada agradável executar um programa e vê-lo terminar abruptamente com uma mensagem enigmática.

Python gera vários tipos de exceções além da `ValueError`. Alguns exemplos são:

ZeroDivisionError uma tentativa de divisão por zero.

IOError quando há erro na tentativa de ler um arquivo.

KeyboardInterrupt quando o usuário interrompe o programa (digitando `control -c`, por exemplo).

Há muitas outras exceções. Vale a pena ler o manual de Python para saber que tipo de exceção pode ser gerada.

Por exemplo, para capturar a exceção de divisão por zero, podemos fazer:

```
1  def divide(x, y):
2      """Divide x por y."""
3      try:
4          z = x / y
```

Subalgoritmos

```
 5          print(z)
 6      except ZeroDivisionError:
 7          print('Tentativa de divisão por zero')
 8
 9  divide(1, 2)
10  divide(1, 0)
```

■ **Programa 4.25: Capturando exceção de divisão por zero.**

Quando executado, o Programa 4.25 produz:

```
0.5
Tentativa de divisão por zero
```

Lembre-se de informar a respeito de qual exceção está se tratando, por isso é importante consultar a documentação de Python para saber quais são as possibilidades. Você também pode capturar diversas exceções.

```
 1  def divide():
 2      """Divide x por y."""
 3      try:
 4          x = int(input('Digite um numerador:''))
 5          y = int(input('Digite um denominador:'))
 6          print('A divisão de', x, 'por', y, 'é igual a', x/y)
 7      except ZeroDivisionError:
 8          print('Tentativa de divisão por zero.')
 9      except ValueError:
10          print('Número inválido.')
11
12  divide()
```

■ **Programa 4.26: Capturando duas exceções.**

Se você não colocar o tipo de exceção, o programa vai pegar todas as exceções, mas isto não é recomendado. Imagine que você peça um número ao usuário que termina a execução do programa digitando CONTROL-C. Esse erro é previsto, mas você pensou que o único erro seria um número inválido. Apesar de ter sido interrompido por um comando do usuário, a mensagem de erro seria de número inválido, o que está longe da realidade.

A sintaxe do comando `try` permite ainda outras opções, como `else` e `finally`, mas o que foi apresentado aqui resolve a maioria das situações práticas.

EXERCÍCIO 4.16

Escreva um programa que crie uma lista com 3 elementos e peça ao usuário um índice de um elemento a ser impresso. Se o usuário pedir um índice fora da faixa de valores permitidos (abaixo de zero ou acima de 2), o programa deve emitir uma mensagem de erro (Use a exceção `IndexError`).

Capítulo 4

EXERCÍCIO 4.17

→ Modifique o programa anterior para que o mesmo capture também a exceção Value-Error da entrada de dados pelo usuário.

4.8 OBSERVAÇÕES FINAIS

Neste capítulo você aprendeu como usar funções em Python. Muito mais poderia ser apresentado, no entanto o mais importante é você entender os conceitos. Não digo aqui decorar conceitos, mas aprender mesmo. Você pode não saber qual o nome de determinada característica da programação, mas tem de saber usá-la.

Optei aqui por não falar de orientação a objetos em Python. Para quem está começando, o mais importante é sedimentar conceitos básicos. Pelo tamanho dos problemas que resolvemos aqui, a orientação a objetos seria um complicador desnecessário.

No final, qualquer programa tem que ter um bom algoritmo, não importa se a solução final será ou não orientada a objetos.

5

Organizando a Informação

"Maus programadores preocupam-se com o código. Bons programadores preocupam-se com estruturas de dados e suas relações." Linus Torvalds, criador do Linux.

Para programar não basta usar um algoritmo eficiente, você precisa também de dados eficientes. Ao fazer programas simples, como temos feito até aqui, bastam os tipos de dados fornecidos diretamente pelo computador: inteiros, números em ponto flutuante e caracteres. Como vimos, um computador é uma máquina muito boa para processar números, mas quando os problemas começam a ficar mais complexos, é necessário fazer uso de tipos de dados mais eficientes, que espelhem a complexidade do mundo real.

Programar é gerenciar entidades abstratas. Vimos que, a partir de algum valor físico, uma tensão em *volts*, por exemplo, foi criada a abstração do *bit*, a unidade mínima de informação do computador. Dissemos que esse *bit* representa zero ou um. Em seguida, agrupamos *bits* para criar uma nova abstração: os *bytes*. Continuamos criando novas abstrações e usamos os *bytes* para representar números e caracteres no computador. Demos nomes a essas abstrações criando variáveis que identificam os dados que vamos manipular. Algoritmos são ações combinadas para manipular esses dados.

Você percebe como a cada passo estamos criando entidades cada vez mais abstratas? Um *bit* pode ter seu componente físico, mas uma sequência de 4 *bytes* representa um número inteiro apenas porque é essa abstração que associamos com eles. Nada impede, portanto, de dar continuidade a este processo de abstração a partir dos tipos primitivos do computador.

A ideia aqui é usar a composição de tipos primitivos e, por meio desse processo, criar tipos mais complexos. Este processo eleva o nível de abstração de nossos algoritmos, permitindo avançarmos na construção de programas mais complexos.

Está na hora de você ser apresentado a mais algumas abstrações valiosas.

133

Capítulo 5

5.1 SEQUÊNCIAS DE DADOS

Programas são escritos para criar um modelo computacional de um problema do mundo real. Escolhemos determinados aspectos do mundo real que sejam relevantes para nosso problema e os representamos com os recursos disponíveis no computador. Seria impossível representar todas as variáveis do mundo real dentro do computador. O mundo real é complexo demais. Todo modelo computacional é uma simplificação do mundo.

No capítulo anterior, vimos ações que podem ser executadas sobre dados primitivos, no caso, números. O cálculo da média de notas seria um desses problemas.

Assim, no programa 3.1, calculamos a média de duas notas, decidindo, em seguida, se o aluno ficou em prova final. Neste programa foram criadas duas variáveis, nota1 e nota2, que guardavam as notas para serem usadas no cálculo.

Mas o que aconteceria se você tivesse de calcular a média de 10 notas? Criaria 10 variáveis, indo de nota1 até nota10? Convenhamos que não seria muito prático. Seria ainda pior se você tivesse de fazer este cálculo para uma turma inteira. Como resolver esse problema?

Para isso, é necessário ter alguma forma de manipular diversos dados como se fossem uma única entidade, porém mesmo assim de maneira que se possa ter acesso aos dados individualmente.

Um número ocupa uma área da memória do computador. No programa 3.1 associamos a variável nota1 a uma área de memória suficiente para conter um número, e nota2 com outra área de memória equivalente, como na representação da Figura 5.1.

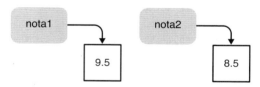

Figura 5.1 nota1 e nota2.

Perceba que não importa muito em que posição da memória estão localizados os objetos indicados por esses dois nomes. Contudo, o nosso problema é indicar dez valores de notas sem ter de criar dez nomes diferentes. Como resolver este problema? Uma forma é usar uma área de memória com espaço suficiente para conter dez notas, uma após a outra, e fazer um identificador notas referenciar a posição inicial dessa área, como na Figura 5.2.

O problema de ter acesso a cada elemento pode ser resolvido atribuindo-se um índice a cada posição. Este índice vem entre colchetes, logo após o nome da variável que referencia a estrutura. Deste modo, quando queremos manipular a primeira nota, escrevemos notas[0]; a segunda, notas[1]; a terceira, notas[2]; até que a décima viria a ser notas[9].

Organizando a Informação

Figura 5.2 Variável `notas`.

Fato 5.1 – Por que o primeiro índice é zero?

Você deve ter notado algo estranho: na notação usada para indicar cada elemento de `notas`, o índice do primeiro elemento é zero! *"Por que não começar a numerar os elementos com 1 e terminar em 10?"* Afinal, as pessoas começam a contar a partir de um, não de zero. O primeiro colocado em uma corrida recebe o número 1, não o zero.

Parece mais lógico chamar o primeiro elemento da estrutura de `notas[1]` e não `notas[0]`, enquanto o último seria `notas[10]` e não `notas[9]`. Porém, a maioria das linguagens de programação adota o índice inicial como zero. Por quê?

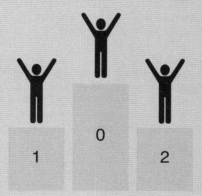

Figura 5.3 Quem é o primeiro?

A resposta mais simples é que isso é feito em função da forma como as linguagens de programação são projetadas. O índice indica a distância do elemento do início da estrutura. Assim, o primeiro elemento está logo no início, distante, portanto, zero elementos; enquanto o último está 9 posições distante do início.

Uma resposta mais elaborada começa quando se percebe um teorema básico da Matemática:

"Para qualquer base b, os primeiros b^N números inteiros positivos são representados por exatamente N dígitos."

Isto só é verdade se, e somente se, a contagem se iniciar com zero, com seus números indo de 0 até b^{N-1}, e não com 1, que teria números indo de 1 até b^N.

Para começar com 1, teríamos de perder um endereço de memória, aquele composto apenas por zeros, e precisaríamos de mais um dígito para o endereçamento.

Isto é facilmente visto com números binários (base $b = 2$). Para representar 8 (b^N) endereços precisamos de 3 (N) *bits*. Mas isso só é possível se o primeiro endereço for zero. Se o primeiro endereço for 1, o oitavo elemento precisaria de 4 *bits* (*1000*) para ser endereçado, no entanto, começando com zero, necessita de apenas 3 *bits* (*111*).

Capítulo 5

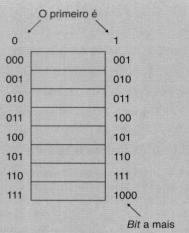

Figura 5.4 Começar em zero ou em um?

Se você ainda sente dificuldades com o sistema binário, basta pensar em decimal. Com um dígito decimal você endereça dez posições, entre 0 e 9, mas para começar em 1, precisaria endereçar entre 1 e 10, usando mais um dígito decimal.

Esse teorema é a base do endereçamento dos sistemas digitais e foi adotado pelas linguagens de programação em geral.

Porém, você deve estar pensando: para facilitar a vida do programador, o compilador ou interpretador da linguagem poderia facilmente converter um índice 1 em um índice 0 e, consequentemente, o índice 8 no índice 7, economizando um *bit* de endereçamento. Isto é verdade, porém implicaria uma tradução de endereços para toda a operação com índices, com o custo associado a esse cálculo.

O uso do índice inicial zero facilita a tradução do que o programador escreve em relação àquilo que o sistema irá executar, sem precisar de uma conversão de endereços para cada acesso da estrutura de dados.

Essa estrutura de dados é normalmente chamada de **vetor** ou *array*, no seu nome em inglês. O **vetor**, para um programador, não tem o significado matemático ou biológico da palavra, mas se refere a um conjunto de dados. Em geral, este conjunto é **homogêneo**. Neste caso, isto quer dizer que um vetor se refere a um conjunto de dados de um só tipo. Assim podemos, por exemplo, criar um vetor de números inteiros, no qual todos os elementos são, como você já deve ter deduzido, números inteiros.

Esta estrutura do vetor ocupa uma área de memória contígua, portanto, o segundo elemento está na memória logo após o primeiro elemento; o terceiro, após o segundo; e assim até que o último elemento esteja após o penúltimo. Um vetor de *n* elementos inteiros ocupa a memória equivalente a pelo menos *n* inteiros. Qualquer que seja o tipo de dados armazenados em um vetor, a memória ocupada por este vetor será pelo menos um múltiplo da memória ocupada por um elemento solitário.

Como essa estrutura pode tornar mais eficiente o uso das informações? Primeiro, se você procura algo em um vetor, basta checar cada elemento, seguindo endereços

Organizando a Informação

de memória contíguos. Para acrescentar um elemento no meio do vetor, basta deslocar elementos para criar espaço.

O vetor é uma forma de agrupar dados bem eficiente: temos um acesso em tempo constante a qualquer elemento do vetor. Ler o elemento da posição 3 ou da posição 1452 toma o mesmo tempo do processador. Quando você quer ler ou escrever o elemento da posição 3, e escreve `notas[3]`, você está dizendo ao computador:

> *"Pegue o endereço inicial do vetor* `notas`*, depois some a este endereço 3 vezes o tamanho do elemento básico do vetor e, finalmente, leia ou escreva nesta posição".*

O cálculo do endereço é o mesmo para a posição 1452 ou outra qualquer, contudo, usando o 1452 no lugar do 3 e, consequentemente, toma o mesmo tempo de processamento. Podemos até dar uma fórmula geral para esse acesso:

$$(\text{endereço inicial}) + (\text{índice do elemento}) \times (\text{tamanho do elemento básico do vetor})$$

5.2 LISTAS EM PYTHON

Python não oferece diretamente uma estrutura de vetor, porém fornece algo ainda mais poderoso e cujo conceito você já conhece: listas.

O que é uma lista para você? Você pode fazer uma lista de músicas preferidas, ou de filmes a que já assistiu. Também pode fazer uma lista de suas notas em uma disciplina. Você pode fazer lista de qualquer coisa. Uma lista é simplesmente uma sequência de informações.

Para criar uma lista em Python, a sintaxe é simples: basta atribuir a um identificador uma lista de valores separados por vírgula e entre colchetes:

```
notas = [7, 8, 10, 9]
nomes = ['José', 'João', 'Joaquim']
```

Neste exemplo, a variável `notas` é uma lista com 4 notas e `nomes` é uma lista de 3 nomes representados por *strings*. Podemos facilmente manipular cada elemento colocando seu índice entre colchetes. Assim, `notas[0]` guarda o valor 7 e `nomes[1]` guarda o valor 'João'.

Outra característica das listas em Python é que seus índices podem ser contados do final para o começo, bastando para isso usar valores negativos. Deste modo, o índice −1 corresponde ao último elemento de qualquer lista. No caso da lista `notas`, `notas[-1] = notas[3] = 9`, `notas[-2] = notas[2] = 10`, e assim por diante (Figura 5.5).

Você também pode usar qualquer expressão inteira dentro dos colchetes para calcular o índice adequado. Por exemplo, `notas[1+1]` é o mesmo que `notas[2]` ou, se você tem uma variável `i` com valor inteiro, pode usar uma expressão inteira como `notas[i+1]` para ter acesso a um elemento. A restrição é que o resultado da expressão esteja dentro da faixa de índices válidos da lista. Mas, atenção, só valem expressões ou valores inteiros. Uma referência como `notas[1.0]` resultaria em erro, por tentar utilizar um valor (expressão) real como índice.

137

Capítulo 5

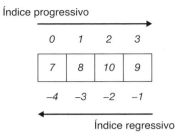

Figura 5.5 Índice progressivo e regressivo.

Podemos somar todos os valores de notas e encontrar a média com um simples programa em Python:

```
notas = [7, 8, 10, 9]
soma = notas[0] + notas[1] + notas[2] + notas[3]
print("A média é igual a ", soma / 4)
```

- **Programa 5.1: Programa notas.py.**

É claro que esse programa não é prático. Por quê? Perceba que para 4 notas você pode escrever rapidamente a referência a cada uma, mas... e se fossem 100 notas?

Para melhorar isso, podemos usar uma estrutura de repetição de comandos, tornando o programa mais eficaz. Por exemplo, na Seção 3.6, usamos o comando range de Python para gerar números sequenciais. Desse modo, range(4) gera a sequência de números 0, 1, 2 e 3.

```
notas = [7, 8, 10, 9]
soma = 0
for i in range(4):
    soma = soma + notas[i]
print("A média é igual a ", soma / 4)
```

- **Programa 5.2: Programa notas_com_range.py**

Dica 5.1 – Use a expressão de atribuição compacta quando possível.

Quando um identificador aparece dos dois lados de uma expressão, como em
    i = i + 1
Python possui uma forma mais compacta de escrevê-la:
    i += 1
Dessa forma, as seguintes expressões são válidas:
        i += 5 # Equivalente a i = i + 5
        i -= 5 # Equivalente a i = i - 5
        i *= 5 # Equivalente a i = i * 5
        i /= 5 # Equivalente a i = i / 5
Na realidade, quando um identificador aparecer dos dois lados de uma expressão, indicando que estamos atualizando o seu valor, a expressão pode ser simplificada:
        i += a # Equivalente a i = i + a
        i -= a + b # Equivalente a i = i - (a + b)

Organizando a Informação

```
        i *= a - b # Equivalente a i = i * (a - b)
        i /= a + 3 # Equivalente a i = i / (a + 3)
```

Note que quando a expressão à direita possui mais de um componente, é tomada como uma expressão completa, indicando o uso de parênteses para avaliá-la como um todo. Para comprovar, execute o Programa 5.3.

```
    i = 5
    j = i
    a = 3
    i = i * a + 2
    j *= a + 2
    print('i = ', i, ', j = ', j)
```

■ **Programa 5.3: Programa de teste de atribuições.**

Seu resultado será:

```
    i =  17 , j =  25
```

No final das contas, uma expressão do tipo `i += 5` exige um processamento mental mais curto que `i = i + 5`. Enquanto `i = i + 5` seria pensado como "*pegue o valor de i, some 5 e depois atribua a i*", `i += 5` seria simplesmente "*some 5 a i*".

Usando esta sintaxe, o Programa 5.2 ficaria:

```
    notas = [7, 8, 10, 9]
    soma = 0
    for i in range(4):
        soma += notas[i]
    print("A média é igual a ", soma / 4)
```

■ **Programa 5.4: Programa notas_com_range.py usando atribuição compacta.**

No Programa 5.2, a variável `i` é usada como índice para notas. Sucessivamente, assume um valor gerado por `range()`.

Você notou algo peculiar? Pense sobre o comando **for i in range(4)**. A lista `notas[]` é uma sequência de valores, assim como `range()`. Se `range(4)` cria uma sequência e `i` vai assumir, sucessivamente, cada valor dessa sequência, podemos simplificar nosso programa criando uma variável `nota` e fazendo-a assumir cada valor da lista `notas`, sucessivamente. Veja o Programa 5.5.

```
    notas = [7, 8, 10, 9]
    soma = 0
    for nota in notas:
        soma += nota
    print("A média é igual a ", soma / 4)
```

■ **Programa 5.5: Programa notas_com_lista.py**

O resultado é absolutamente idêntico, com a vantagem de utilizar apenas a lista de notas.

139

Fato 5.2 – Listas em Python são vetores dinâmicos.

Uma lista de Python na realidade é um vetor com o diferencial de que seu tamanho é dinâmico, ou seja, uma lista pode começar com zero elementos e ir crescendo de acordo com a necessidade.

O interpretador Python encarrega-se de gerenciar o espaço de memória ocupado pela lista. Em outras linguagens você deve saber o tamanho do vetor *a priori*, e qualquer mudança em seu tamanho deve ser gerenciada pelo próprio programador.

Por conta da forma como Python gerencia sua memória, é útil usar um esquema um pouco diferente para representar graficamente as listas. Imagine que uma lista seja um relacionamento entre índices e valores. Pensando assim, cada índice "aponta" para um valor dentro da memória do computador.

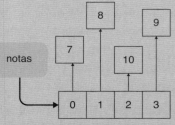

Figura 5.6 Lista notas.

Fato 5.3 – Listas são mutáveis.

Você pode modificar os valores de uma lista. No jargão de Python dizemos que a lista é **mutável**, ou seja, seus valores podem ser mudados. Mas, você deve se lembrar que inteiros são elementos **imutáveis** de Python, portanto, o que acontece? Neste caso temos um elemento **mutável** apontando para um elemento **imutável**. Por exemplo, se modificarmos o valor de um elemento de notas, o mapeamento da memória será modificado para apontar para outro valor. Veja o que acontece no trecho do Programa 5.6 na Figura 5.7.

```
notas = [7,8.1,10,9]
print(notas)
notas[3] = 6
print(notas)
```

- **Programa 5.6: Programa lista_mutavel.py**

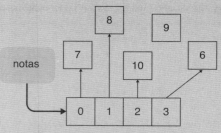

Figura 5.7 Lista notas mutável.

Organizando a Informação

Como você deve ter percebido, uma lista pode conter outros elementos, além de números. O Programa 5.7 apresenta outras possibilidades.

```
notas = [7, 8.1, 10.0, 9]
feira = ["banana", "pera", "couve"]
notas_turma = [[7, 8.1, 10.0, 9], [5, 3, 10, 9.5]]
vazia = []
print (notas)
print (feira)
print (notas_turma[0][2])
print (vazia)
print (feira[3])
```

■ **Programa 5.7: Programa com listas diversas.**

No programa, a lista `notas` contém quatro números, entre inteiros e reais e a lista `feira` contém três *strings*. Note que uma lista pode conter outras listas. A lista `notas_turma` contém duas listas de notas que poderiam ser usadas para representar cada uma as notas de um aluno diferente.

Repare a forma como um elemento deve ser referenciado em uma lista de listas. O comando `print(notas_turma[0][2])` imprime o valor *10.0* que está na primeira lista (índice 0), na terceira posição (índice 2).

Por último, a lista `vazia` não contém nenhum elemento. O valor 5 da segunda lista seria referenciado por `print(notas_turma[1][0])`.

A execução do programa vai bem até um último `print`. Se você o executar, o programa irá imprimir corretamente tudo até este ponto, quando deverá emitir a seguinte mensagem de erro:

```
IndexError: list index out of range
```

O que aconteceu foi que `print(feira[3])` tentou imprimir um elemento que não existe. Lembre-se: os índices começam de zero, assim o último índice válido de feira é o *2*. Modificando a linha para

```
print (feira[2])
a string couve será impressa corretamente.
```

> ### Dica 2.6 – Crie Listas Homogêneas.
>
> As listas não precisam conter necessariamente apenas um tipo de elemento. Você pode misturar elementos de diferentes tipos. Mesmo que isto seja possível, preste atenção: a lista deve ter coerência. Não é porque pode conter tudo que se vai colocar tudo em uma mesma lista.
>
> É razoável usar valores inteiros ou reais em uma lista chamada `notas` e *strings* com nomes de alimentos em uma lista `feira`, mas colocar o nome do aluno na lista `notas` não seria uma boa prática. No entanto, você pode ter uma lista de nomes de alunos, e, no caso, esta lista conteria apenas cadeias de caracteres (*strings*).
>
> Resista à tentação de criar listas heterogêneas. No caso das notas de alunos, por exemplo, poderia parecer mais simples criar uma lista de notas na qual o primeiro elemento fosse o nome do aluno:

141

Capítulo 5

```
notas= ["Tércio Pacitti", 10, 9, 9]
```

Este código funciona em Python, mas você tem de usar uma *"regra"* externa ao programa que diz que o elemento de índice zero é o nome do aluno. Não há como usar a sintaxe de Python para controlar isso. Não existe uma semântica associada ao índice, e você será obrigado a documentar essa regra com um comentário. A possibilidade de erro aumenta e é fácil esquecer de colocar um dos elementos.

Quando sentir necessidade de utilizar uma lista com elementos heterogêneos, prefira outra estrutura de Python: as **tuplas** (Seção 5.13). Em uma tupla, os índices têm uma semântica associada, de modo que você possa dizer o que cada elemento representa no mundo real.

5.3 PROCESSANDO UMA LISTA

Digamos que você tenha uma lista e queira imprimir seus valores duplicados. Para isso você deve usar comandos para percorrê-la, tomando cada elemento individualmente e, após multiplicar por 2, imprimir o valor calculado. Uma solução seria o Programa 5.8:

```
lista = [1, 2, 3, 5, 7]
for i in lista:
    print(i * 2)
```

■ **Programa 5.8: Programa que duplica valores de uma lista.**

O resultado será como esperado:

```
2
4
6
10
14
```

Se você quiser imprimir os valores na mesma linha, deve usar a opção de `print` que modifica seu comportamento. Para tanto, basta substituí-lo por

```
print (i*2, end=' ')
```

Este comando diz a `print` para imprimir o valor e depois terminar a impressão com um caractere de espaço em branco. Quanto essa opção não é usada, o comando `print` irá usar o caractere de nova linha como padrão, fazendo com que cada valor seja impresso em uma nova linha. Usando a opção `end=' '`, você obterá a impressão

```
2 4 6 10 14
```

Neste ponto, digamos que você queira modificar a lista, substituindo os valores antigos pelo seu dobro. Neste caso, será necessário um pouco mais de processamento. Você deve pegar o valor, duplicar e devolver à lista. Para isto vamos precisar do comando `range()` que gera uma lista de índices. O problema agora é saber quantos índices gerar.

Para saber o tamanho de qualquer lista, basta usar o comando `len(nome_da_lista)`. Dessa maneira, usando o resultado de `len()` como entrada de `range()`, obtemos uma lista com valores que vão de zero até o tamanho da lista que queremos processar, menos 1. No Programa 5.9, o comando `len(lista)` tem como resultado *5* e `range(len(lista))` irá gerar a sequência *0, 1, 2, 3, 4*.

```
lista = [1, 2, 3, 5, 7]
for i in range(len(lista)):
    lista[i] *= 2
print(lista)
```

■ **Programa 5.9: Programa que duplica valores de uma lista e a atualiza.**

Existe ainda uma forma de percorrer a lista, obtendo a cada passo tanto o índice quanto o elemento. Para isso usamos o comando enumerate(), como no Programa 5.10:

```
lista = [1, 2, 3, 5, 7]
for i, item in enumerate(lista):
    lista[i] = item * 2
print(lista)
```

■ **Programa 5.10: Programa que duplica valores de uma lista com enumerate.**

O comando `enumerate()` vai gerar a cada passo um par com os valores para `i` e `item`. No caso do programa apresentado, os pares gerados são (0,1), (1,2), (2,3), (3,5) e (4,7), ou seja, `i` será o índice do elemento `item` na lista sendo processada por `enumerate()`.

O processamento da informação em uma lista geralmente é feito com o comando `for`. Assim, cada elemento pode ser acessado e processado sequencialmente, sem erros e de forma simples.

Outra forma seria usar o comando `while`, porém isso exigiria a manipulação de uma variável de controle, enquanto o comando `for` já poderia se ocupar de tudo. Veja como o programa fica mais extenso na versão `while`.

```
lista = [1, 2, 3, 5, 7]
i = 0
while i < len(lista):
    lista[i] *= 2
    i += 1
print (lista)
```

■ **Programa 5.11: Programa que duplica valores de uma lista com while.**

Vamos agora escrever um programa mais útil.

Digamos que você precise escrever um programa que receba uma lista de temperaturas em graus Fahrenheit e escreva na tela o resultado da conversão dessas

Capítulo 5

temperaturas para graus Celsius. As temperaturas em Fahrenheit começam em 0 e vão de 20 em 20 graus até 300. Para automatizar o processo, vamos utilizar o comando range() para gerar as temperaturas. Uma solução seria o Programa 5.12.

```
for fahr in range(0,301,20):
    celsius = (5/9)*(fahr - 32)
    print (fahr, int(celsius))
```

■ **Programa 5.12: Programa de conversão de Fahrenheit para Celsius.**

No programa, o comando `range(0,301,20)` vai gerar a lista *0, 20, 40, 60, ...,* *300*. Para gerar corretamente o valor final de 300 é necessário colocar *1* a mais, pois `range()` gera valores até o segundo parâmetro menos *1*. Também, na hora de imprimir, o resultado foi convertido para inteiro com o comando `int(Celsius)`.

O resultado da execução é:

```
0 -17
20 -6
40 4
60 15
80 26
100 37
120 48
140 60
160 71
180 82
200 93
220 104
240 115
260 126
280 137
300 148
```

Para alinhar os números, precisamos utilizar a função `format()`. Ainda não vou falar sobre essa função da linguagem Python. O objetivo é que você aprenda a programar, e o comando `format` teria uma série de detalhes de sintaxe que iriam desviar o nosso objetivo.

A saída sem o `format` fica feia mesmo. Mas o programa é correto. Um uso do `format` para obter uma saída mais "apresentável" seria como no Programa 5.13. Resumidamente, no programa este comando indica o uso de `fahr` e `celsius` para preencher o que estiver entre chaves na *string* imediatamente anterior. O formato diz para alinhar os valores pela direita (>) e usar 5 casas decimais para `farh` e `celsius`, todavia `celsius` usa uma casa decimal. O valor de `fahr` deve ser um número decimal inteiro (d), e `celsius`, ponto flutuante (f).

```
print ('Tabela de conversão de Fahrenheit para Celsius')
for fahr in range(0,301,20):
    celsius = (5/9)*(fahr - 32)
    print ('{:>5d} -> {:>5.1f}'.format(fahr, celsius))
```

■ **Programa 5.13: Programa de conversão de Fahrenheit para Celsius formatado.**

144

Organizando a Informação

E o resultado fica:

```
Tabela de conversão de Fahrenheit para Celsius
  0 -> -17.8
 20 ->  -6.7
 40 ->   4.4
 60 ->  15.6
 80 ->  26.7
100 ->  37.8
120 ->  48.9
140 ->  60.0
160 ->  71.1
180 ->  82.2
200 ->  93.3
220 -> 104.4
240 -> 115.6
260 -> 126.7
280 -> 137.8
300 -> 148.9
```

Resolvido o problema, o resultado não foi armazenado e, se precisássemos dos valores, teríamos de refazer os cálculos. Mas podemos guardar os resultados em uma lista. Vou reescrever um programa mais modular e desta vez utilizando funções. Também vamos pedir ao usuário os limites de conversão e o passo entre as temperaturas. Veja o Programa 5.14, neste momento mais organizado e com docstrings para as funções.

```
 1  def fahr_para_celsius(f):
 2      """Converte temperaturas Fahrenheit para Celsius."""
 3      return (5 / 9) * (f - 32)
 4
 5  def cria_tabela_celsius(fahr):
 6      """Cria tabela Celsius a partir de tab Fahr"""
 7      celsius = [None] * len(fahr)
 8      for i, temp in enumerate(fahr):
 9          celsius[i] = fahr_para_celsius(fahr[i])
10      return celsius
11
12 def main():
13     """Programa principal."""
14     inicio = int(
15         input(
16             'Qual o início das temperaturas Fahrenheit? '))
17     fim = int(
18         input('Qual o final das temperaturas Fahrenheit? '))
19     passo = int(
20         input('Qual o passo das temperaturas Fahrenheit? '))
21     fahr = range(inicio, fim + 1, passo)
22     celsius = cria_tabela_celsius(fahr)
23     print ('Tabela de conversão de Fahrenheit para Celsius')
24     for i, temp in enumerate(fahr):
25         print('{:>5d} -> {:>5.1f}'.format(temp,
```

145

Capítulo 5

```
26                                                    celsius[i]))
27
28 main()
```

■ **Programa 5.14: Programa de conversão de Fahrenheit para Celsius com listas.**

A novidade aqui é a linha 7:

```
celsius = [None] * len(fahr)
```

Esta linha solicita que Python crie uma lista com o tamanho da lista `fahr`, mas sem valores nas posições. O valor "`None`" quer dizer que não existe nada ali. As referências são para "nada", ou seja, inexistem, apesar de lhes termos reservado um espaço. Em seguida podemos preencher cada posição com os valores do cálculo. Fica um alerta: esta não é a melhor maneira de trabalhar com listas em Python. O correto aqui seria usar a função `append()` na lista, conforme fosse necessário. Isso será visto mais adiante neste capítulo.

EXERCÍCIO 5.1

→ Escreva um programa que receba uma lista de temperaturas em Celsius e escreva na tela o resultado da conversão dessas temperaturas em Fahrenheit. (Não se esqueça de usar a fórmula correta!)

EXERCÍCIO 5.2

→ Reescreva o programa 5.13 de modo a imprimir o resultado a partir do último elemento (de 300 para 0).

EXERCÍCIO 5.3

→ Reescreva o programa 5.14 validando a entrada de dados do usuário, usando a estrutura `try...except`.

EXERCÍCIO 5.4

→ Reescreva o Programa 5.13 usando o comando `while`.

EXERCÍCIO 5.5

→ Crie uma lista com os números ímpares entre 0 e 100 (use `range()`) e depois use o comando enumerate() para percorrer a lista transformando o valor de cada elemento no valor par subsequente.

Organizando a Informação

> **EXERCÍCIO 5.6**
>
> Modifique o Programa 4.23 que calcula *pi* para que este não mais solicite o número de pontos a serem gerados, mas gere uma tabela com ao menos 10 valores de *pi* calculados com números diferentes de pontos. Sua tabela deve possuir ao menos 10 valores diferentes. Use `range()` para gerar os diversos valores de entrada da função.

5.4 LISTAS POR COMPREENSÃO

O sentido mais comum da palavra "*compreensão*" é o de "entendimento": "*eu tenho compreensão de algo se eu entendo algo*". Porém, a palavra também significa "estar contido em": "*o conceito de Homem compreende animal e racional*", ou seja, o conceito de Homem contém em si o conceito de animal e racional. Explicado o termo, vamos a Python.

Se você precisar criar uma lista a partir de elementos que pertençam a uma lista já existente, Python oferece uma maneira prática de fazê-lo: a lista por compreensão. O que quer dizer isso? Poderíamos chamar também de "*listas por continência*", mas vou manter o termo compreensão para ficar próximo àquele que você encontrará em muitos livros em inglês sobre a linguagem. Vamos criar listas a partir de elementos contidos em uma sequência de elementos.

A forma geral para carregar os valores de uma lista, em Python é:

```
lista = []
for item in algum_iterável:
    lista.append(Expressão)
```

Um iterável é um elemento que pode ser percorrido, isto é, um objeto composto de múltiplos elementos, mas que pode ter cada elemento acessado individualmente e em sequência. Portanto, qualquer sequência ou lista de elementos pode ser iterável. O que o trecho de código faz é inicialmente criar uma lista vazia (`lista = []`) e, em seguida, para cada item do "*iterável*" (`for item in algum_iterável:`), executar a ação de adicionar à lista um elemento cujo valor é calculado pela expressão (`lista.append(Expressão)`).

O uso constante deste tipo de construção levou à criação de uma sintaxe mais compacta para efetuar a mesma ação:

```
lista = [Expressão for item in algum_iterável]
```

Digamos que vamos criar uma lista em que cada elemento será o quadrado de uma outra lista de base. Podemos dizer que um elemento da nova lista é criado para cada elemento contido na lista original. Em linguagem informal, dizemos que um elemento da nova lista é igual a x ao quadrado, de modo que x assume o valor de cada elemento da lista antiga. Em Python ficaria assim:

```
lista_nova = [x*x for x in lista_antiga]
```

147

Capítulo 5

O Programa 5.15 mostra como podemos criar novas listas a partir de listas já existentes ou qualquer iterável que possa ser percorrido com um comando `for`.

```
lista = [1, 2, 3, 5, 7]
lista_nova = [x*x for x in lista]
lista_quadrados = [x*x for x in range(5)]
print (lista_nova)
print (lista_quadrados)
```

■ **Programa 5.15: Criando listas por compreensão.**

O programa tem como resultado:

```
[1, 4, 9, 25, 49]
[0, 1, 4, 9, 16]
```

Outra possibilidade é a de filtrar a entrada, escolhendo apenas alguns elementos da sequência original para gerar a nova lista. Por exemplo, gerando uma lista apenas com os quadrados dos números ímpares de 0 a 9.

```
lista_nova = [x*x for x in range(10) if x % 2 == 1]
print (lista_nova)
```

■ **Programa 5.16: Criando listas por compreensão e filtro.**

obtemos:

```
[1, 9, 25, 49, 81]
```

Traduzindo o comando, range(10) gera a sequência de números entre 0 e 9. Mas o número gerado só será utilizado para gerar seu quadrado se o resto da divisão inteira por 2 for igual a 1, ou seja, se o número for ímpar.

O mecanismo de criação de lista por compreensão não é limitado apenas a números. Você pode usar também outros tipos. O Programa 5.17 cria uma lista com nomes e depois atribui a cada elemento de uma nova lista uma saudação e o nome lido da lista de nomes.

```
nomes = ['José', 'João', 'Joaquim']
lista = ['Bom dia, ' + x for x in nomes]
for saudacao in lista:
    print (saudacao)
```

■ **Programa 5.17: Criando listas por compreensão e filtro.**

O resultado é:

```
Bom dia, José
Bom dia, João
Bom dia, Joaquim
```

Todos os exercícios a seguir devem ser feitos por meio da lista por compreensão.

Organizando a Informação

> **EXERCÍCIO 5.7**
>
> → Escreva um programa para gerar uma lista com o quadrado dos números pares entre 10 e 20 (inclusive).

> **EXERCÍCIO 5.8**
>
> → Escreva um programa para gerar uma lista com o quadrado dos números ímpares de 0 a 9, como no Programa 5.16, porém não use filtros. Use apenas o comando `range()` para controlar a geração da sequência de números ímpares.

> **EXERCÍCIO 5.9**
>
> → Escreva um programa que crie uma lista com o cubo dos números entre 1 e 10, ambos inclusive.

> **EXERCÍCIO 5.10**
>
> → Escreva um programa que crie uma lista com os 10 primeiros múltiplos de 7.

5.5 SOMANDO E MULTIPLICANDO LISTAS

Assim como os tipos de dados mais simples, as listas em Python oferecem algumas operações bastante úteis para sua manipulação. Fique atento, pois essas operações são fornecidas apenas pela linguagem Python. Qualquer outra linguagem de programação terá outra forma de fazer o que será apresentado aqui.

Duas operações básicas são a soma e a multiplicação. Mas o que significa somar ou multiplicar duas listas? A soma irá juntar, ou, em uma linguagem mais técnica, concatenar duas ou mais listas, enquanto a multiplicação irá repetir os valores da lista de acordo com um número determinado.

No caso da soma, a sequência de comandos:

```
lista1 = [1,2,3]
lista2 = [4,5,6]
lista = lista1 + lista2
print (lista)
```

Vai imprimir a lista

```
[1, 2, 3, 4, 5, 6]
```

Você também pode fazer a concatenação diretamente:

```
lista = [1,2,3] + [4,5,6]
print (lista)
```

149

Capítulo 5

Obviamente, a ordem da soma altera o resultado:

```
lista =  [4,5,6] + [1,2,3]
print (lista)
```

fornece

```
[4, 5, 6, 1, 2, 3]
```

A multiplicação em listas só pode ser feita entre uma lista e um inteiro. Seria um erro tentar multiplicar uma lista por outra. O inteiro irá determinar quantas vezes o conteúdo da lista será repetido. Assim, o programa

```
lista = [1,2,3]
lista *= 3 # ou lista = 3 * lista
print (lista)
```

■ **Programa 5.18: Programa de multiplicação de lista.**

gera a saída

```
[1, 2, 3, 1, 2, 3, 1, 2, 3]
```

Embora faça sentido dividir uma lista em sublistas, Python não implementa essa operação sobre listas. O motivo é simples: enquanto concatenar listas para formar uma única lista é uma operação evidente, dividir uma lista em sublistas permite uma infinidade de opções e Python não teria como saber como dividir a sua lista.

Existem diversas maneiras de dividir uma lista de 5 elementos, por exemplo. Você pode fazer 2 listas, uma com 3 e outra com 2 elementos. Ou pode fazer uma com 1 e outra com 4. Quais elementos iriam para cada lista? Qual deveria ser a escolhida? Para evitar ambiguidades e imprecisões, Python emitirá uma mensagem de erro se você tentar dividir uma lista.

Você também não vai poder subtrair listas. Mas como? Por que não? Afinal, é uma operação comum, eliminar elementos de uma lista. É possível imaginar a situação. Você vai ao supermercado com uma lista e descobre que já tinha comprado alguns itens que estavam na lista da semana passada. Mas, note bem, isto não é a mesma coisa que subtrair uma lista de outra. Você quer é achar a diferença entre as duas listas. Isso envolve processamento, percorrer ambas as listas eliminando o que for comum, uma operação que também não pode ser implementada sem ambiguidades.

Para encontrar diferenças entre duas listas, ou seja, uma lista com elementos que estão em uma lista mas não estão em outra, faça isso com o recurso da lista por compreensão:

```
a = [2,3,4,5,5,4,7]
b = [7,4,5]
lista_nova = [x for x in a if x not in b]
print (lista_nova)
```

■ **Programa 5.19: Programa de diferença de lista.**

150

Organizando a Informação

O resultado da execução do Programa 5.19 é: [2, 3]

EXERCÍCIO 5.11

→ Escreva um programa que dada a lista [0, 1, 2, 3, 4, 5, 6, 7, 8, 9] gere a lista [5, 6, 7, 8, 9, 0, 1, 2, 3, 4].

EXERCÍCIO 5.12

→ Escreva um programa que dada a lista [0, 1, 2, 3, 4, 5, 6, 7, 8, 9] gere a lista [1, 3, 5, 7, 9, 0, 2, 4, 6, 8].

5.6 EXTRAINDO SUBLISTAS

Se você quiser manipular apenas uma parte de uma lista, Python oferece recursos bem práticos para que se tenha acesso facilmente a trechos específicos da lista. Estas partes são chamadas de sublistas ou fatias.

A forma geral para fatiar uma lista é usar o nome da lista e colocar a fatia desejada entre colchetes. A fatia é representada por um par de índices separados por dois pontos:

```
[i:f:p]
```

Explicando cada um desses parâmetros:

i : início é o índice inicial cujo elemento será incluído na fatia resultante, exceto se seu valor for o mesmo que fim. Quando o valor é negativo, significa que indica uma contagem a partir do final, o -1 indicando o último elemento da lista. O valor por omissão é zero.

f : fim indica o fim da fatia. O valor nesta posição da lista não entra na fatia resultante. Também pode ser negativo. O valor por omissão é o tamanho da lista e a fatia resultante inclui o último elemento da lista.

p : passo valor de incremento a partir do índice inicial. Se for negativo, conta do final para o início da lista. O valor por omissão é 1.

Todos os índices devem ser válidos e qualquer expressão inteira pode ser usada. Contudo, atenção: o primeiro elemento da nova fatia é efetivamente aquele com índice i, porém o último elemento da fatia será o de índice f-1. A ausência de um dos índices indica que o intervalo é aberto, assim: [i:] engloba todos os elementos entre o índice i e o final da lista, enquanto [:f] toma todos os elementos entre o início da lista e o índice f-1. O passo p é opcional e indica o incremento a partir do índice inicial.

Os valores-padrão, quando omitidos qualquer um dos valores são i = 0, f = tamanho da lista e p = 1.

151

Capítulo 5

Considere uma lista de nomes de planetas:

```
planetas = [
    'Mercúrio', 'Vênus', 'Terra', 'Marte', 'Saturno',
    'Júpiter', 'Urano', 'Netuno'
]
```

O Programa 5.20 mostra o resultado do fatiamento de uma lista e, por enquanto, usa o valor-padrão para o passo, ou seja, 1.

```
planetas = [
    'Mercúrio', 'Vênus', 'Terra', 'Marte', 'Saturno',
    'Júpiter', 'Urano', 'Netuno'
]
print(planetas[2:5])
print(planetas[:3])
print(planetas[3:])
print(planetas[4:-1])
print(planetas[:])
```

■ **Programa 5.20: Programa de fatiamento de lista sem passo.**

O resultado será:

```
['Terra', 'Marte', 'Saturno']
['Mercúrio', 'Vênus', 'Terra']
['Marte', 'Saturno', 'Júpiter', 'Urano', 'Netuno']
['Saturno', 'Júpiter', 'Urano']
['Mercúrio', 'Vênus', 'Terra', 'Marte', 'Saturno', 'Júpiter',
'Urano', 'Netuno']
```

A primeira fatia engloba os elementos de índices 2, 3 e 4; a segunda fatia toma os elementos 0, 1 e 2; a terceira fatia pega os elementos de índices 3, 4, 5, 6 e 7; a quarta lista, os elementos de índices 4, 5 e 6. Lembre-se de que -1 representa o último elemento da lista, no caso, o de índice 7. Com isto, a expressão equivale a [4:7]. Finalmente, quando os dois índices estão ausentes, a referência é a lista inteira.

Este fatiamento permite operações poderosas sobre as listas. O programa 5.21 apresenta algumas opções, neste ponto incluindo o passo do fatiamento. As possibilidades são inúmeras para manipulação de uma lista com este tipo de operação. Teste algumas outras opções para entender o mecanismo.

```
primos = [2, 3, 13, 17, 19]
print('Lista completa: ', primos[:])
print('Lista de 2 em 2, começando em 0: ', primos[::2])
print('Lista de 3 em 3, começando em 0: ', primos[::3])
primos[2:2] = [5, 7]
primos[4:4] = [11]
print('Lista completa: ', primos[:])
print('Lista de 2 em 2, começando em 3: ', primos[3::2])
print('Lista de 2 em 2, terminando em 4: ', primos[:5:2])
primos[2:3] = []
print('Retira 1 elemento da posição 2: ', primos)
primos[::2] = [3, 11, 17, 23]
```

Organizando a Informação

```
print('Substitui 4 elementos: ', primos)
primos[::2] = [2, 7, 13, 19]
primos[2:2] = [5]
print('Reinserindo elementos: ', primos[:])
```

■ **Programa 5.21: Operações de fatiamento de uma lista.**

O resultado da execução do programa de fatiamento de lista é:

```
Lista completa:  [2, 3, 13, 17, 19]
Lista de 2 em 2, começando em 0:  [2, 13, 19]
Lista de 3 em 3, começando em 0:  [2, 17]
Lista completa:  [2, 3, 5, 7, 11, 13, 17, 19]
Lista de 2 em 2, começando em 3:  [7, 13, 19]
Lista de 2 em 2, terminando em 4:  [2, 5, 11]
Retira 1 elemento da posição 2:  [2, 3, 7, 11, 13, 17, 19]
Substitui 4 elementos:  [3, 3, 11, 11, 17, 17, 23]
Reinserindo elementos:  [2, 3, 5, 7, 11, 13, 17, 19]
```

Um resumo das operações de fatiamento é mostrado na Tabela 5.1.

Tabela 5.1 Resumo de fatiamento de listas

Fatia	Resultado
[:] ou [::]	todos os elementos
[i::]	todos os elementos de i até o último
[:f:]	todos os elementos até f − 1
[i:f:]	todos os elementos de i até f − 1
[::p]	todos os elementos até f − 1, com p de distância entre esses elementos
[i::p]	todos os elementos de i até f − 1, com p de distância entre esses elementos
[:f:p]	todos os elementos do primeiro até f − 1, com p de distância entre esses elementos
[i:f:p]	toma os elementos da lista, começando em i até f − 1, com p de distância entre esses elementos

Se o valor do passo é negativo, a ordem é invertida, pois estaremos contando de trás para a frente. A Tabela 5.2 resume esses casos.

Tabela 5.2 Resumo de fatiamento de listas com índices negativos

Fatia	Resultado
[::-p]	todos os elementos do último até o primeiro, com p de distância entre esses elementos
[i::-p]	todos os elementos de i até o início, com p de distância entre esses elementos
[:f:-p]	todos os elementos do último até f + 1, com p de distância entre esses elementos
[i:f:-p]	engloba os elementos da lista, começando em i até f + 1, com p de distância entre esses elementos

Capítulo 5

Veja o Programa 5.22 que demonstra o uso de passo negativo na operação de fatiamento em Python.

```
lista = [0,1,2,3,4,5,6,7,8,9]
print(lista[::-1])
print(lista[4::-1])
print(lista[:5:-1])
print(lista[5:2:-1])
```

■ **Programa 5.22: Programa de fatiamento de lista com passo negativo.**

O resultado é:

```
[9, 8, 7, 6, 5, 4, 3, 2, 1, 0]
[4, 3, 2, 1, 0]
[9, 8, 7, 6]
[5, 4, 3]
```

EXERCÍCIO 5.13

Dada a lista [10, 2, 32, 14, 35, 46, 17, 58, 199, 19], escreva um programa que imprima:

1. os elementos de índices pares;

2. os elementos de índices ímpares;

3. os elementos entre os índices 2 (inclusive) e 4 (exclusive);

4. o elemento de índice 1 e depois os elementos distantes 3 posições a partir de 1, até o final.

EXERCÍCIO 5.14

Gere uma lista com 100 números de 0 a 99, com o comando `range()` e, usando valores negativos no fatiamento, escreva um programa que imprima:

1. o último elemento da lista original e depois, decrescendo, os elementos distantes 3 posições a partir do final até o início;

2. os elementos entre o índice 87 (inclusive) e o índice 34 (exclusive), em ordem decrescente de índices;

3. todos os elementos, exceto os dois últimos.

EXERCÍCIO 5.15

Dada a lista [1, 2, 3, 4, 5, 6, 7], imprima seu inverso, ou seja, [7, 6, 5, 4, 3, 2, 1] usando apenas fatiamento.

154

Organizando a Informação

EXERCÍCIO 5.16

Considere a lista

```
planetas = ['Mercúrio', 'Vênus', 'Terra', 'Marte', 'Saturno',
'Júpiter', 'Urano', 'Netuno'].
```

Execute as seguintes operações usando apenas fatiamento. Cada item usa a lista resultante do item anterior.

1. Insira a lista ['Fobos','Deimos'] na posição 4 da lista.

2. Insira ['Sol'] na posição zero.

3. Qual seria o fatiamento para imprimir ['Urano', 'Júpiter', 'Saturno', 'Deimos', 'Fobos', 'Marte', 'Terra', 'Vênus'], nessa ordem?

5.7 OPERAÇÕES EM LISTAS

Já usamos duas operações que atuam com listas: len() e range(), mas Python tem outras operações que podem atuar internamente em uma lista.

Uma operação útil e que já vimos é a pertinência, apesar de não ter sido apresentada com este nome. A operação in, além de fazer uma variável assumir sucessivamente os valores dos elementos de uma lista, também serve para testar se determinado elemento consta da lista.

O Programa 5.23 testa se um número ímpar pertence ou não à lista primos.

```
primos = [2, 3, 5, 7, 11, 13, 17, 19]

for i in range(3, 20, 2):
    if i in primos:
        print(i, 'está em primos.')
    else:
        print(i, 'não está em primos.')
```

■ **Programa 5.23: Teste de pertencimento a uma lista.**

Da mesma forma que com o fatiamento, a função range também pode ter três parâmetros, com a diferença de que são separados por vírgulas. O primeiro parâmetro é o valor inicial, o segundo é o valor final, porém o parâmetro não fará parte da sequência gerada, e, finalmente, o terceiro parâmetro é o passo usado para gerar a sequência, no caso começando em 3 e avançando de 2 em 2 até 19. A sequência gerada por range(), neste caso é [3, 5, 7, 9, 11, 13, 15, 17, 19]. No programa, depois de gerada a sequência por range(), a variável i assume sucessivamente os valores da sequência para testar se estes pertencem à lista primos.

```
3  está em primos.
5  está em primos.
7  está em primos.
```

155

Capítulo 5

```
9   não está em primos.
11  está em primos.
13  está em primos.
15  não está em primos.
17  está em primos.
19  está primos.
```

Com o fatiamento, conseguimos apagar um ou diversos elementos de uma lista, no entanto existe uma forma mais direta de apagar um ou mais elementos de uma lista: o comando `del`. A sintaxe do comando `del` é `del lista[i:f]`, em que `i` e `f` são os índices inicial e final, lembrando sempre que o valor de `f` deve ser descontado de 1, com a finalidade de se saber quem será o último elemento da seleção.

O nome `del` vem do inglês "*delete*", e quer dizer apagar, suprimir, remover. É interessante saber que a palavra tem origem no latim "*deletus*". Foi perdida pela língua portuguesa, mas foi incorporada ao inglês vindo do francês. Com o avanço da Computação, o vocábulo vem pouco a pouco sendo retomado pelos falantes da língua portuguesa.

```python
primos = [2, 3, 5, 7, 11, 13, 17, 19]
print(primos)
del primos[1:3]
print(primos)
del primos[1]
print(primos)
```

■ **Programa 5.24: Comando del em lista.**

O uso do comando `del` evidencia mais a ação de "*deletar*" elementos de uma lista. A execução do programa fornece a saída:

```
[2, 3, 5, 7, 11, 13, 17, 19]
[2, 7, 11, 13, 17, 19]
[2, 11, 13, 17, 19]
```

O primeiro comando `del` apaga os elementos 3 e 5, cujos índices são 1 e 2, respectivamente. O segundo comando `del` apaga apenas o elemento 7, que passou a ter índice 1 após a execução do primeiro comando.

Python também possui uma classe de comandos para listas que fogem à sintaxe que vimos usando até agora. Qual a diferença? Até este momento usamos os comandos que atuavam como uma ação externa à lista. Os comandos a seguir funcionam como se fossem internos à lista.

Como assim, "internos"?

Desde o início tenho falado que trabalhamos com abstrações. Imagine que a lista é um ser abstrato que guarda para você uma sequência de valores, sejam do tipo que forem. Agora imagine que esse ser abstrato que é a lista consegue executar ações em si mesmo, desde que você peça de forma correta.

Percebe a diferença?

Organizando a Informação

Anteriormente, a lista, e todos os nossos dados, eram como seres inanimados, que só continham as informações. A partir deste ponto, além das informações as listas também são capazes de executar ações internas, modificando ou informando seu estado.

Esse é o princípio da chamada *"Programação Orientada a Objetos"*. Para diferenciar os comandos que são executados *sobre* as listas daqueles que são executados *pelas* listas, a sintaxe muda um pouco. Os comandos agora são executados pela adição, à lista, de um ponto e do nome do comando.

Por exemplo, o Programa 5.25 apresenta algumas ações úteis definidas pelas listas em Python.

```
lista = [123, 1, 0, 24, 1, 14]
print('A lista:', lista)
lista.append(34)
lista.append(2)
print('Acrescenta 2 itens:', lista)
lista.extend([45, 12])
print('Estende com 2 itens:', lista)
lista.insert(1, 345)
print('Insere item na posição i:', lista)
lista.remove(24)
print('Remove item:', lista)
lista.pop()
print('Retira último item:', lista)
print('A lista possui ', lista.count(1),
      'itens de valor 1.')
outralista = sorted(lista)
print('Outra lista ordenada: ', outralista)
lista.sort()
print('Ordena a lista:', lista)
lista.reverse()
print('Inverte a lista:', lista)
print('O elemento 14 está na posição ', lista.index(14))
print('O mínimo é ', min(lista), ' e o máximo é ',
      max(lista))
```

■ **Programa 5.25: Funções úteis de lista.**

A execução dá como resultado:

```
A lista: [123, 1, 0, 24, 1, 14]
Acrescenta 2 itens: [123, 1, 0, 24, 1, 14, 34, 2]
Estende com 2 itens: [123, 1, 0, 24, 1, 14, 34, 2, 45, 12]
Insere item na posição i: [123, 345, 1, 0, 24, 1, 14, 34, 2, 45, 12]
Remove item: [123, 345, 1, 0, 1, 14, 34, 2, 45, 12]
Retira último item: [123, 345, 1, 0, 1, 14, 34, 2, 45]
A lista possui  2 itens de valor 1.
Outra lista ordenada:  [0, 1, 1, 2, 14, 34, 45, 123, 345]
Ordena a lista: [0, 1, 1, 2, 14, 34, 45, 123, 345]
Inverte a lista: [345, 123, 45, 34, 14, 2, 1, 1, 0]
O elemento 14 está na posição 4
O mínimo é 0 e o máximo é 345
```

Capítulo 5

Aqui vai um resumo do que cada função, sendo l ou t uma lista, i um índice inteiro e x um valor. Podemos dividir as operações em dois grupos. Primeiro, operações que não modificam a lista original:

in testa a pertinência de um item a uma lista.

del apaga elementos de uma lista. Como em `del lista[1:2]`.

sorted(lista) ordena uma lista e atribui o resultado a outra lista. A lista usada como parâmetro não muda. Ex.: `lista_nova = sorted(l)`.

min devolve o menor valor da lista. Ex.: `x = min(l)`.

max devolve o maior valor da lista. Ex.: `x = max(l)`.

count(x) conta quantos elementos iguais a x existem na lista. Ex.: `y = count(l)`.

Em segundo lugar, as funções que vão modificar a lista original:

append(x) acrescenta **x** ao final da lista. Equivalente a `l[len(l):len(l)] = [x]`. Ex.: `l.append(1)`.

extend(t) estende uma lista com t. Na maioria das vezes equivalente a `l[len(l):len(l)] = t`. Ex.: `l.extend([1])`

insert(i,x) insere o elemento x na posição i. Equivalente a `l[i:i] = [x]`. Ex.: `l.insert(3,1)`.

remove(x) remove o primeiro elemento da lista que seja igual a x. Ex.: `l.remove(2)`.

pop() lê e retira o último elemento da lista. Usa também a sintaxe pop(i) no qual lê e retira o elemento na posição i). Ex.: `l.pop()`.

sort() ordena a própria lista. Ex.: `l.sort()`.

reverse() inverte a ordem dos elementos da lista. Ex.: `l.reverse()`.

Com essas funções as operações em listas ficam bem mais fáceis. O Programa 5.26 cria uma lista dinamicamente e vai acrescentando elementos digitados pelo usuário.

```
numeros = []
for i in range(10):
    n = int(input('Digite um número:'))
    numeros.append(n)
print ('A lista criada é:',numeros)
```

■ **Programa 5.26: Lista com dados digitados pelo usuário.**

EXERCÍCIO 5.17

O que acontece se você chama o comando append() com outra lista? Considere a lista `primos = [2, 3, 5, 7]` e que você use o comando `primos.append([23,29,31])`. Tente imprimir o elemento `primos[4]`. O que é impresso?

158

Organizando a Informação

EXERCÍCIO 5.18

Execute as mesmas operações do exercício 5.17, mas usando o comando `extend()` no lugar de `append()` com uma lista. O que acontece? Houve alguma diferença? Tente imprimir o elemento `primos[4]`. O que é impresso?

EXERCÍCIO 5.19

O que acontece se o terceiro parâmetro de uma operação de fatiamento for -1? Teste em uma lista qualquer o comando `lista[::-1]`. Qual a diferença para `reverse()`?

EXERCÍCIO 5.20

Escreva um programa que inverta uma lista usando o método de `lista por compreensão`.

EXERCÍCIO 5.21

Use os comandos desta seção para criar uma nova lista com os elementos da primeira metade de uma lista. Por exemplo, se temos lista = [0, 1, 2, 3, 4, 5, 6, 7, 8, 9], use os comandos para obter [0, 1, 2, 3, 4].

EXERCÍCIO 5.22

Use os comandos desta seção para apagar os elementos da primeira metade de uma lista. Por exemplo, se temos lista = [0, 1, 2, 3, 4, 5, 6, 7, 8, 9], use os comandos para obter lista = [5, 6, 7, 8, 9].

EXERCÍCIO 5.23

Use os comandos desta seção para inverter os elementos da primeira metade de uma lista. Por exemplo, se a lista é lista = [0, 1, 2, 3, 4, 5, 6, 7, 8, 9], use os comandos para obter [4, 3, 2, 1, 0, 5, 6, 7, 8, 9].

EXERCÍCIO 5.24

Partindo da lista = [0, 1, 2, 3, 4, 5, 6, 7, 8, 9], use os comandos desta seção para obter [5, 6, 7, 8, 9, 4, 3, 2, 1, 0].

Capítulo 5

EXERCÍCIO 5.25

→ Escreva um programa que crie uma lista com todos os números entre 100 e 1000 que são divisíveis por 7 mas não são múltiplos de 3.

EXERCÍCIO 5.26

→ Escreva um programa que crie uma lista com números digitados pelo usuário e forneça como saída a média desses números.

5.8 CLONANDO LISTAS

Quando você cria uma lista, seu identificador é uma referência para uma área da memória do computador. No jargão da Computação, chamamos essa área de "objeto". Assim, podemos dizer que um identificador é uma referência a um objeto em memória. Voltando às listas, mesmo que duas listas tenham os mesmos valores para seus itens, se cada uma tiver sido criada separadamente, cada uma apontará para seus próprios objetos.

```
lista1 = [1, 2, 3]
lista2 = [1, 2, 3]
```

A Figura 5.8 representa como cada lista assim criada tem seus próprios dados e sua própria área de memória.

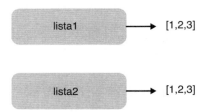

Figura 5.8 Duas listas independentes.

Se você modifica uma lista, a outra não é modificada, como seria de se esperar. Veja o Programa 5.27.

```
lista1 = [1, 2, 3]
lista2 = [1, 2, 3]
lista2[1] = 42
print(lista1)
print(lista2)
```

■ **Programa 5.27: Lista sem efeito colateral.**

O resultado, como esperado, é:

```
[1, 2, 3]
[1, 42, 3]
```

Outra situação surge se você tentar criar uma lista a partir de uma já existente. Neste caso, não existe uma cópia dos elementos, mas simplesmente uma referência ao mesmo objeto na memória:

```
lista1 = [1,2,3]
lista2 = lista1
```

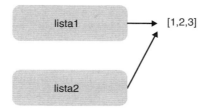

Figura 5.9 Duas listas que apontam para a mesma área de memória.

Se você fizer uma atribuição a um elemento de lista1, irá modificar a lista2 também.

```
lista1 = [1, 2, 3]
lista2 = lista1
lista2[1] = 42
print(lista1)
print(lista2)
```

■ **Programa 5.28: Lista com efeito colateral.**

E o resultado:

```
[1, 42, 3]
[1, 42, 3]
```

Esse efeito colateral é muitas vezes indesejável. A lista lista2, neste caso, é o que chamamos de *aliás*, ou *apelido* de lista1. Uma forma segura de criar uma lista com valores de outra é usar o fatiamento, neste caso falamos de "clonagem". No exemplo a seguir, a lista2 é um clone da lista1. Qualquer operação sobre os elementos das listas não terá nenhum efeito colateral na outra lista:

```
lista1 = [1, 2, 3]
lista2 = lista1[:]
lista2[1] = 42
print(lista1)
print(lista2)
```

■ **Programa 5.29: Lista fatiada sem efeito colateral.**

Capítulo 5

E o resultado:

```
[1, 2, 3]
[1, 42, 3]
```

5.9 LISTAS COMO PARÂMETROS

Na discussão sobre passagem de parâmetros mencionei que Python tem uma forma peculiar de realizá-la. Vimos que quando é passado um inteiro como parâmetro, qualquer mudança que seja feita dentro da função chamada não afeta a variável que a chamou. Mas isso tem mais a ver com o fato de inteiros serem imutáveis. Veja o Programa 5.30.

```python
def muda_valor(param):
    param += 'x'
    print('Dentro da função:',param)

lista = ['a','b','c']
muda_valor(lista)
print(lista)
```

- **Programa 5.30: Passagem de lista como parâmetro.**

O resultado mostra que a lista foi modificada pela função:

```
Dentro da função: ['a', 'b', 'c', 'x']
['a', 'b', 'c', 'x']
```

5.10 MATRIZES

Uma matriz é uma generalização do conceito de vetor. Enquanto o vetor possui apenas um índice, ou seja, apenas uma dimensão, chamado, portanto, de unidimensional, a matriz pode conter múltiplas dimensões.

Uma matriz bidimensional é um elemento muito útil em diversas situações. Uma tabela, por exemplo, é uma matriz bidimensional, organizada segundo linhas e colunas. A tela de seu computador pode ser mapeada como uma matriz bidimensional de pontos. Escolha um sistema de coordenadas, e você poderá manipular cada pixel de sua tela. Tabuleiros de jogos, como dama ou xadrez também são bons exemplos de matrizes.

Podemos generalizar o conceito ainda mais, para 3 ou mais dimensões. Quais exemplos você poderia dar para uma matriz de 3 dimensões? Jogos de computador são bons exemplos. Além de mapear a posição dos elementos do jogo na tela bidimensional de seu computador, o programa do jogo também deve guardar uma "profundidade" para determinar se um objeto vai aparecer na frente ou atrás de outros objetos, simulando uma visão 3D do ambiente do jogo.

Tudo o que foi aprendido para vetores e listas vale para ser usado em matrizes. Por exemplo, podemos definir uma matriz 2×3, ou seja, uma matriz com duas linhas e 3 colunas em Python da seguinte forma:

162

```
matriz = [[1,2,3],[4,5,6],[7,8,9]]
```
Essa matriz, pode ser a representação da tabela:

```
1   2   3
4   5   6
7   8   9
```

Mas, repare bem, Python cria listas de listas. Não são verdadeiras matrizes. O que quero dizer com isso? Veja o exemplo: `n_matriz = [[1,2,3],[4,5],[7]]`

```
1   2   3
4   5
7
```

Para ser uma matriz, no sentido matemático do termo, a variável deveria ter todos as suas linhas completas, indicando, no caso, uma matriz 3 × 3.

É claro, podemos usar essas listas de listas como matrizes, porém, na maior parte das vezes em que precisarmos fazer operações com matrizes, é mais vantajoso usar um módulo especial chamado `numpy`, do qual falarei na Seção 5.14.

5.11 LISTAS DE LISTAS

As operações definidas para listas são todas aplicáveis a listas de listas, e mesmo a listas de listas de listas. Você pode ir encaixando listas até o nível em que desejar, porém isso não é uma boa prática de programação. Manter as coisas simples, deve ser sua regra mais importante.

> ### Dica 5.3 – Listas Aninhadas?
>
> Frequentemente você verá o termo "**aninhado**" com o sentido de "**encaixado**" em textos de Computação. Dessa forma, uma matriz, em Python, seria composta de listas "*aninhadas*". Acho este termo uma má tradução do termo original inglês **nest**. Sim, *nest* pode significar ninho, mas em português o verbo aninhar tem outro significado.
>
> Esta tradução permanece até hoje. Eu mesmo, por vezes, para ser entendido por gente da área, uso o termo aninhado. Porém, sempre que possível, prefiro o termo encaixado, que descreve melhor em português o efeito de se colocar uma lista dentro de outra.
>
> Até mesmo para laços de execução, com `for` e `while`, prefiro o termo *laços encaixados*. As famosas bonecas russas *matrioskas* são encaixadas uma dentro da outra. Ninguém dirá que são "aninhadas".
>
>
>
> Aninhado, com sentido de encaixado, é somente uma má tradução que ficou.

Capítulo 5

Tendo em mente que muitas vezes é melhor utilizar numpy para operações com matrizes, vamos ver apenas as operações mais corriqueiras em uma lista de listas. Expanda o conceito para níveis de encaixe mais profundos.

Digamos que eu queira criar uma matriz de 3 × 4 elementos usando um laço. Veja no Programa 5.31.

```
lin = 3
col = 4
matriz = [None] * lin
for i in range(n):
    matriz[i] = [0] * col
print(matriz)
```

- **Programa 5.31: Cria matriz 3 × 4 com um laço.**

O que esse programa faz? Primeiro define os valores de lin e col. Como o nome sugere, lin representa linhas e col representa colunas. O próximo passo é criar uma lista com lin elementos None. **None** é um elemento nulo (Figura 5.10) e quer dizer que não existe nada armazenado nas n posições, apesar da lista ter sido criada.

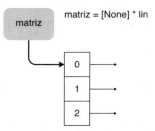

Figura 5.10 Cria lista inicial sem elementos válidos.

Depois o laço do for se encarrega de criar mais outras 3 listas, cada uma com 4 elementos iguais a zero. A Figura 5.11 é uma simplificação. Para ter um modelo mais próximo da realidade, as 3 listas criadas pelo comando for também deveriam ter seus elementos apontando para números, mas isso tornaria a figura muito confusa, com mais um nível de ponteiros.

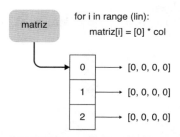

Figura 5.11 Cria matriz de elementos [0].

Seguindo a lógica já usada para listas unidimensionais, podemos usar a lista por compreensão para criar uma matriz. Relembrando como funciona para listas simples:

Organizando a Informação

```
lista = []
for item in algum_iterável:
    lista.append(Expressão)
```

é equivalente a:

```
lista = [Expressão for item in algum_iterável]
```

Aplicando este esquema, obtemos:

```
matriz = [[0]*col for i in range(lin)]
```

Se você quiser realmente explicitar cada laço, você pode escrever algo mais extenso:

```
matriz = [[0 for j in range(col)] for i in range(lin)]
```

As duas formas têm resultados equivalentes.

O acesso aos elementos é simples e você pode referenciar uma linha inteira ou um elemento isolado. Índices negativos também são permitidos.

Dica 5.4 – Cuidado com a referência.

Você pode ter reparado que um trecho de programa:
```
[0 for j in range(col)]
```
foi substituído por algo bem prático e compacto:
```
[0]*col
```
Diante disso, você poderia pensar: por que não usar o mesmo princípio para o segundo laço, obtendo uma expressão ainda mais compacta? Assim:
```
matriz = [[0]*col]*lin #Errado!!!
```
Parece bem promissor, e se você imprimir a matriz, obterá um resultado aparentemente correto:
```
matriz : [[0, 0, 0, 0], [0, 0, 0, 0], [0, 0, 0, 0]]
```
O problema aparece quando você modifica algum elemento de matriz, como
```
matriz[0][1] = 1
```
O resultado não é bem o que você esperava:
```
matriz : [[0, 1, 0, 0], [0, 1, 0, 0], [0, 1, 0, 0]]
```
Você consegue imaginar o que aconteceu? A Figura 5.12 pode lançar uma luz sobre esta dúvida.

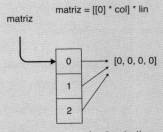

Figura 5.12 Problema na criação de lista de listas.

A operação `[0]*col` retorna uma referência a uma lista de `col` elementos zero. Quando é executada a segunda operação, cria 3 itens com a referência à mesma lista!

Capítulo 5

EXERCÍCIO 5.27

→ Escreva um programa que crie uma matriz bidimensional usando 2 comandos `for` encaixados, isto é, não use nem multiplicação nem lista por compreensão para criar sua matriz.

EXERCÍCIO 5.28

→ Escreva um programa que crie uma matriz tridimensional usando o mecanismo de lista por compreensão.

5.12 DICIONÁRIOS

Imagine o seguinte problema: você precisa armazenar em uma estrutura de dados o nome e a matrícula de cada aluno de uma turma. Até agora nossa única estrutura é a lista, então teria de ser ela mesma. Uma lista desse tipo poderia ser assim:

```
turma = ['Linus', 123456, 'João', 132344, 'Denis', 654321, 'Ada',
321456]
```

Uma turma pequena, mas que serve para explicar o conceito desta seção.

Olhando para a lista, se você quiser que seu programa obtenha a matrícula de 'João', você teria que fazê-lo procurar qual a posição do nome 'João' e então pegar o dado seguinte a ele. Nada prático, principalmente porque se baseia em uma convenção externa à própria organização da lista. Convencionamos que o elemento seguinte ao nome é a matrícula, mas isso pode levar facilmente ao erro. Não seria melhor se o próprio nome 'João' servisse como índice para a sua matrícula?

É para isso que serve um dicionário em Python, que funciona como um mapa associativo. Veja:

```
turma = {'Linus':123456, 'João':102344, 'Dennis':654321,
'Ada':321456}
print(turma['João'])
print(turma)
```

■ **Programa 5.32: Programa que cria um dicionário.**

No Programa 5.32 foi criado um dicionário chamado `turma`. A sintaxe é bem simples. Cada item de um dicionário é composto de um par de elementos. O primeiro elemento é que será usado como índice. O segundo elemento é a informação que se deseja buscar a partir do índice. Os elementos são separados por dois pontos (:) e os pares separados por vírgulas.

A execução do programa gera:

```
102344
{'João': 102344, 'Dennis': 654321, 'Linus': 123456, 'Ada': 321456}
```

166

Organizando a Informação

Uma segunda execução gera:

```
102344
{'Linus': 123456, 'Ada': 321456, 'Dennis': 654321, 'João': 102344}
```

Percebeu a diferença? A ordem dos elementos impressos mudou entre as duas execuções. A ordem dos elementos em um dicionário não é predeterminada, ou seja, os elementos não são ordenados. Python otimiza o acesso a cada elemento, podendo gerar uma ordem diferente a cada execução.

Como a lista, um dicionário é uma estrutura mutável, então podemos criar um dicionário vazio e ir acrescentando-lhe itens.

```
filmes = {} #cria dicionário vazio
filmes[1975] = 'Em Busca do Cálice Sagrado'
filmes[1979] = 'A Vida de Brian'
filmes[1983] = 'O Sentido da Vida'
print(filmes)
```

■ **Programa 5.33: Dicionário de filmes.**

O programa gera:

```
{1979: 'A Vida de Brian', 1983: 'O Sentido da Vida',
1975: 'Em Busca do Cálice Sagrado'}
```

A forma de imprimir não ficou muito boa. Podemos melhorar isso iterando sobre o dicionário. Veja o Programa 5.34.

```
filmes = {
    1975: 'Em Busca do Cálice Sagrado',
    1979: 'A Vida de Brian',
    1983: 'O Sentido da Vida'
}
for ano in filmes:
    print(
        '"' + filmes[ano] + '" foi lançado em ' + str(ano))
```

■ **Programa 5.34: Impressão em cada linha de filmes.**

Note que o ano, por ser inteiro, teve que ser convertido para *string* com a função `str()`. Agora temos uma saída mais bem organizada:

```
"A Vida de Brian" foi lançado em 1979
"O Sentido da Vida" foi lançado em 1983
"Em Busca do Cálice Sagrado" foi lançado em 1975
```

O Programa 5.35 apresenta diversos métodos para a manipulação de um dicionário.

```
filmes = {1975:'Em Busca do Cálice Sagrado',
          1979:'A Vida de Brian',
          1983:'O Sentido da Vida',
          1989:'Erik, O Viking'}
del(filmes[1989]) #apaga elemento
print('Values:', filmes.values())
print('Itens:', filmes.items())
```

167

Capítulo 5

```
print('Chaves:', filmes.keys())
print('Filme de 1979:', filmes.get(1979))
print('Filme de 1971:', filmes.get(1971))
filmes[1971]='E Agora Para Algo Completamente Diferente'
print('Filme de 1971:', filmes.get(1971))
for ano in filmes:
    print ('"' + filmes[ano] + '" foi lançado em ' + str(ano))
```

■ **Programa 5.35: Diversos métodos para um dicionário.**

gerando o resultado:

```
Values: dict_values(['A Vida de Brian', 'O Sentido da Vida',
'Em Busca do Cálice Sagrado'])
Itens: dict_items([(1979, 'A Vida de Brian'), (1983, 'O Sentido
da Vida'), (1975, 'Em Busca do Cálice Sagrado')])
Chaves: dict_keys([1979, 1983, 1975])
Filme de 1979: A Vida de Brian
Filme de 1971: None
Filme de 1971: E Agora Para Algo Completamente Diferente
"E Agora Para Algo Completamente Diferente" foi lançado em 1971
"A Vida de Brian" foi lançado em 1979
"O Sentido da Vida" foi lançado em 1983
"Em Busca do Cálice Sagrado" foi lançado em 1975
```

Muitos métodos são fornecidos para manipular um dicionário. Como visto no programa anterior:

del() apaga um item.

values() recupera a informação armazenada.

items() recupera todos os pares de informação.

keys() retorna as chaves do dicionário.

get() é uma forma segura de recuperar uma informação. Retorna **None** se a chave não existir.

A função `get()` é utilizada se você não tem certeza de que uma chave está no dicionário. Por exemplo, se você tenta ter acesso a um item com a maneira clássica: `filmes[1971]` e este ano não existe no dicionário, você terá um erro de execução de seu programa, que irá parar. Com `get()`, se o item não existir, a função simplesmente retorna **None**, como visto na saída do programa, e continua a executar.

Um dicionário é um mapeamento, assim, diferentemente das listas, funções que dependem da ordenação dos elementos, como concatenação e fatiamento, não funcionam e disparam erros na execução do programa.

EXERCÍCIO 5.29

→ Escreva um programa que crie um dicionário relacionando o nome dos estados brasileiros (como chaves) às suas siglas. O programa deve solicitar ao usuário o nome de um estado, e chamar uma função que devolve a sua sigla.

168

Organizando a Informação

> **EXERCÍCIO 5.30**

Escreva um programa que crie um dicionário relacionando o nome dos estados brasileiros (como chaves) às suas siglas. O programa deve perguntar ao usuário o nome de um estado e chamar uma função que devolva a sua sigla. O nome do estado pode estar em maiúsculas ou minúsculas e mesmo assim o programa deve dar a resposta correta. (Nota: para transformar todas as letras de uma *string* em minúsculas, use a função `lower()`. Assim, se palavra = 'PalavrA', `palavra.lower()` devolve 'palavra'.)

5.13 TUPLAS

Imagine que você precise guardar uma data composta de dia, mês e ano, digamos 22 de abril de 1500. Você poderia criar variáveis para cada um dos componentes, mas isto tornaria sua manipulação um tanto quanto complicada, não? Você quer poder guardar essa informação e acessá-la como um objeto único.

Uma lista funcionaria para guardar uma data? Claro, mas o índice de uma lista não tem uma semântica associada. Com uma lista de 3 posições armazenando uma data, o que significaria se inadvertidamente o seu programa acrescentasse mais um elemento ao final com uma operação de `append()`?

Para resolver este problema elegantemente, Python fornece o tipo **tupla**. Muito do que foi estudado até aqui sobre listas também serve para tuplas, com poucas diferenças, a principal é que enquanto as listas são objetos mutáveis, as **tuplas são imutáveis**. Isto quer dizer que uma vez que a tupla tenha sido criada, permanecerá com a mesma informação até ser descartada.

Para criar uma tupla, basta escrever uma sequência de itens entre parênteses e separados por vírgulas. Nossa data ficaria assim:

```
data = (22, 4, 1500)
```

Uma tupla não precisa ter somente inteiros. Qualquer tipo de objeto pode ser contido pela tupla:

```
info = ('Brasil', 22, 4, 1500)
```

Você também pode criar uma tupla mesmo sem usar parênteses, bastando atribuir uma sequência de elementos separados por vírgula, pois Python entende que isso também é uma tupla:

```
info = 'Brasil', 22, 4, 1500
print(info)
```

Uma função que retorna mais de um valor na realidade está retornando uma tupla. Para ter acesso a um elemento da tupla, usamos a mesma sintaxe com colchetes das listas:

```
info = 'Brasil', 22, 4, 1500
print(info[0])
```

vai imprimir `'Brasil'`.

169

Capítulo 5

As funções que funcionam em listas funcionam da mesma forma nas tuplas, exceto aquelas que podem modificá-la, como `append()`. Por exemplo, o Programa 5.36 que usa o fatiamento, é uma cópia do Programa 5.20, porém usando tuplas no lugar da lista.

```
planetas = ('Mercúrio', 'Vênus', 'Terra', 'Marte',
            'Saturno', 'Júpiter', 'Urano', 'Netuno')
print (planetas[2:5])
print (planetas[:3])
print (planetas[3:])
print (planetas[4:-1])
print (planetas[:])
```

■ **Programa 5.36: Programa planetas com tuplas.**

E seu resultado é equivalente, também modificando a geração de listas pela geração de tuplas:

```
('Terra', 'Marte', 'Saturno')
('Mercúrio', 'Vênus', 'Terra')
('Marte', 'Saturno', 'Júpiter', 'Urano', 'Netuno')
('Saturno', 'Júpiter', 'Urano')
('Mercúrio', 'Vênus', 'Terra', 'Marte', 'Saturno', 'Júpiter',
'Urano', 'Netuno')
```

Portanto, a grande questão é: quando usar listas ou tuplas?

Depende da estrutura que você quer modelar. Em tudo o que for fixo, que pode ser pensado mais em conjunto do que individualmente, ou que não deve ser modificado, devem-se usar tuplas. Quando sua estrutura precisar ser dinâmica e ser modificada, usam-se listas.

Por exemplo, os planetas não vão mudar. Serão sempre os mesmos (apesar de Plutão ter tido o seu *status* alterado), então o melhor é usar tuplas. Coordenadas cartesianas do tipo `x,y` são vistas como um só objeto. De novo, a escolhida é a tupla. Uma tupla uma vez criada não pode ser modificada.

Por outro lado, se você quer guardar uma tabela de coordenadas geográficas, a melhor estrutura seria uma lista, porém esta lista guardaria uma tupla da coordenada em cada posição.

O Programa 5.37 usa tuplas para latitudes e longitudes. Cada posição da tupla corresponde a um tipo de informação. É isso que eu queria dizer quando afirmava que em uma lista os índices não têm semântica associada. Em uma tupla cada posição tem um significado. Na coordenada o primeiro item significa graus, o segundo, minutos e o terceiro, segundos. Na tupla de cada aeroporto, o primeiro item é o nome do aeroporto, seguido de sua latitude e depois de uma longitude. Finalmente, o programa utiliza um dicionário para ter os nomes das cidades como índices das tuplas dos aeroportos.

```
lat_galeao = (22, 48, 34)
long_galeao = (43, 15, 0)
aeroporto_galeao = ('Galeão', lat_galeao, long_galeao)
lat_guarulhos = (23, 26, 6)
long_guarulhos = (46, 28, 22)
```

Organizando a Informação

```python
aeroporto_guarulhos = ('Guarulhos', lat_guarulhos,
                        long_guarulhos)
aeroportos = {
    'Rio': aeroporto_galeao,
    'São Paulo': aeroporto_guarulhos
}
for cidade in aeroportos:
    print('Aeroporto ' + cidade + ':\n\t' +
            aeroportos[cidade][0] + '\n\tLatitude: ' +
            str(aeroportos[cidade][1][0]) + '°' +
            str(aeroportos[cidade][1][1]) + "'" +
            str(aeroportos[cidade][1][2]) + '"' +
            '\n\tLongitude: ' +
            str(aeroportos[cidade][2][0]) + '°' +
            str(aeroportos[cidade][2][1]) + "'" +
            str(aeroportos[cidade][2][2]) + '"')
```

■ **Programa 5.37: Programa com as coordenadas de aeroportos como tuplas.**

O programa fornece a saída:

```
Aeroporto São Paulo:
    Guarulhos
    Latitude: 23°26'6"
    Longitude: 46°28'22"
Aeroporto Rio:
    Galeão
    Latitude: 22°48'34"
    Longitude: 43°15'0"
```

A ordem das cidades não é garantida, pois o dicionário não é uma estrutura ordenada, e isso quer dizer que cada vez que o programa é executado, a ordem das cidades pode ser diferente. Repare o uso dos caracteres de escape para imprimir novas linhas e tabulações (\n e \t).

Por serem imutáveis, as tuplas também são mais rápidas e mais econômicas em espaço de memória que as listas. Como uma lista tem métodos que podem fazê-la crescer, Python reserva mais memória que o necessário para armazenar os elementos de uma lista. A tupla tem sempre o mesmo tamanho.

EXERCÍCIO 5.31

Escreva um programa que crie uma tupla com todos os números entre 100 e 1000 que são divisíveis por 7 mas não são múltiplos de 3.

EXERCÍCIO 5.32

Modifique o Programa 4.16 de modo que a função que gera coordenadas aleatórias receba como parâmetro o número de coordenadas que precisam ser geradas e devolva uma lista de tuplas com essas coordenadas. Deste modo, a função que calcula o valor de pi também precisa ser modificada para tratar essas coordenadas em forma de lista de tuplas.

Capítulo 5

> **EXERCÍCIO 5.33**
>
> → Os dicionários de Python não são ordenados, pois sua função principal é a busca rápida de uma informação baseada em uma chave. Modifique o programa sobre aeroportos desta seção para trabalhar apenas com tuplas, eliminando o dicionário e usando o nome da cidade como primeiro elemento da tupla.

5.14 NUMPY

As listas de Python não são verdadeiros vetores. Apesar de serem bem flexíveis, não são eficientes para trabalhar com cálculo científico. Queremos poder trabalhar com matrizes no sentido matemático.

Para isso foi criado o módulo `numpy`, o Python numérico que fornece a base para cálculos científicos com matrizes de maneira muito mais eficiente que as listas.

Primeiro, você precisa instalar o módulo `numpy`. Este módulo não vem por padrão nas instalações de Python. Por isso, em um terminal, digite:

```
pip3 install numpy
```

Depois disso você já pode importar o módulo `numpy` para os seus programas.

Vejamos um exemplo simples para evidenciar a diferença básica entre listas e numpy. Execute o Programa 5.38.

```
import numpy as np

a = [1, 2, 3]
b = [4, 5, 6]
c = a + b
print (c)

a_num = np.array(a)
b_num = np.array(b)
c_num = a_num + b_num
print (c_num)
```

■ **Programa 5.38: Diferenças entre listas e numpy.**

Executando o programa, obtemos:

```
[1, 2, 3, 4, 5, 6]
[5 7 9]
```

No primeiro caso, com as listas de Python, houve uma concatenação e as duas listas criaram uma lista que é a justaposição das duas. No segundo caso, com o `array` de numpy, houve o que esperamos da adição de duas matrizes: cada elemento foi somado com seu correspondente da outra matriz, resultando em um `array` de mesmo tamanho.

Organizando a Informação

A manipulação de vetores e matrizes é muito facilitada em relação às listas de Python. Digamos que você tenha uma lista com as notas de um aluno e uma outra com os pesos de cada nota. O processamento desses dados com os comandos usuais de Python não é complicado, mas com numpy se torna brincadeira de criança. Veja o Programa 5.39.

```python
import numpy as np

notas = np.array([5, 9, 5.5, 10, 8])
pesos = np.array([1, 2, 4, 1, 2])

notas_ponderadas = notas * pesos
media =  np.sum(notas_ponderadas)/np.sum(pesos)
print('Média =', media)
```

■ **Programa 5.39: Cálculo de média com numpy.**

O programa imprime o resultado correto da média ponderada das notas, 7,1. Na realidade, numpy pode calcular a média ponderada diretamente, sem que você tenha de calcular antes as notas ponderadas (Programa 5.40).

```python
import numpy as np

notas = np.array([5, 9, 5.5, 10, 8])
pesos = np.array([1, 2, 4, 1, 2])

media =  np.average(notas,weights=pesos)
print('Média =', media)
```

■ **Programa 5.40: Cálculo de média ponderada.**

Na chamada da função average() usei a passagem de parâmetros com a nomeação explícita do argumento dos pesos, pois a sintaxe completa de average() é:

```python
average(a, axis=None, weights=None, returned=False)
```

que pode selecionar o eixo no qual será feita a operação.

As operações de fatiamento também funcionam com arrays de numpy. Por exemplo, podemos definir as notas e os pesos em um só array de numpy e usar o fatiamento para escolher a linha de pesos (Programa 5.41).

```python
import numpy as np

notas_e_pesos = np.array([[5, 9, 5.5, 10, 8],[1, 2, 4, 1, 2]])

media =  np.average(notas_e_pesos[0], weights=notas_e_pesos[1,:])
print('Média =', media)
```

■ **Programa 5.41: Cálculo de média ponderada com fatiamento.**

Capítulo 5

Como você pode perceber, numpy permite a sintaxe `notas_e_pesos[1,:]` para referenciar a segunda linha do array. Nada impede, no entanto, que você utilize a sintaxe usual das listas: `notas_e_pesos[1][:]`.

Outra característica bem útil de array sobre as listas é a indexação por valores booleanos, ou seja, `True` e `False`. Os elementos `True` são escolhidos e os elementos `False` são ignorados. Pode-se criar facilmente um array de valores booleanos a partir de algum critério seletivo no array e depois aplicá-lo aos elementos do array. O Programa 5.42 apresenta um exemplo:

```python
import numpy as np

notas = np.array([5, 9, 5.5, 10, 8.4])

print(notas > 6)
print('Notas > 6:',notas[notas > 6])
print('Notas <= 6:',notas[notas <= 6])
```

■ **Programa 5.42: Índices booleanos.**

O resultado da sua execução é:

```
[False  True False  True  True]
Notas > 6: [  9.   10.    8.4]
Notas <= 6: [ 5.    5.5]
```

Podemos usar diretamente operações de comparação com o array de numpy. No caso, foi feita a comparação para escolher as notas maiores que 6. Essa comparação gerou o array `[False  True False  True  True]`. Poderíamos usar o array booleano criado como índice, mas é preferível fazer a operação diretamente, como em notas[notas > 6], que gera o array e o utiliza imediatamente.

Dica 5.5 – Cuidados quando usar numpy.

Os arrays de numpy são bem semelhantes às listas, porém guardam algumas diferenças que podem causar erros no seu programa. Por exemplo, enquanto as listas aceitam qualquer tipo de elemento, os arrays de numpy exigem que seus elementos sejam todos do mesmo tipo. Assim, se você define um array como:

```python
a = np.array(['Python', 1, 2, 3])
```

este não será um array misto. Todos os números serão convertidos em *string*, e você obtém o seguinte array:

```python
['Python' '1' '2' '3']
```

O Programa 5.43 mostra, além desse, outro aspecto relevante:

```python
import numpy as np

a = np.array(['Python', 1, 2, 3])
print(a)

a = [1, 2, 3, 4, 5]
b = a[1:]
```

174

Organizando a Informação

```
    b[0]= 42
    print('Lista a:', a)
    print('Lista b:', b)

    a = np.array([1, 2, 3, 4, 5])
    b = a[1:]
    b[0]= 42
    print('Lista a:', a)
    print('Lista b:', b)
```

■ **Programa 5.43: Cuidados com arrays em numpy.**

O programa imprime:

```
['Python' '1' '2' '3']
Lista a: [1, 2, 3, 4, 5]
Lista b: [42, 3, 4, 5]
Lista a: [ 1 42  3  4  5]
Lista b: [42  3  4  5]
```

Perceba a diferença no fatiamento de listas e arrays. Enquanto nas listas, o fatiamento irá criar um novo objeto e, portanto, a atribuição de um valor à lista derivada não modificará a lista original; o array derivado continuará ocupando a mesma área do objeto original; e a atribuição do valor 42 ao elemento 0 do array b altera também o elemento 1 do array a.

5.15 OBSERVAÇÕES FINAIS

Neste capítulo vimos diversas formas de organizar a informação em Python. Seria impossível esgotar o assunto em apenas um livro, quanto mais em apenas um capítulo. Somente numpy daria um livro por si só. Apenas arranhei a superfície das possibilidades de numpy. Por exemplo, não falei de matrizes em numpy que permitem operações comuns na álgebra linear. Usar numpy facilita muito o desenvolvimento de programas que necessitam de operações com matrizes.

Também não falei aqui sobre a estrutura **set**, de Python, que permite a criação de conjuntos de elementos sem repetição e imutáveis. Pesquise sobre este tipo de Python para o qual você certamente encontrará utilidade em seus programas.

Mas o ensinamento maior que quero deixar neste capítulo é que esses recursos são apenas ferramentas. Por já os ter conhecido, você agora sabe que poderá contar com esses recursos para resolver seus problemas computacionais.

Não se preocupe em decorar como usar cada estrutura. Tente sobretudo entender o funcionamento das estruturas e o tipo de problema que resolvem. Quando precisar, os manuais da linguagem sempre estarão disponíveis. E não vai adiantar saber na ponta da língua cada comando de cada estrutura em Python, se você não entender em que situação usar cada uma dessas estruturas.

Cadeias de Caracteres e Arquivos

CENTURIÃO: "Domus"? Nominativo? "Vão embora", é movimento, não é rapaz?
BRIAN: Dativo?
[O Centurião tira sua espada e a segura contra a garganta de Brian]
BRIAN: Ahh! Não, não é dativo, não é dativo, senhor. É acusativo, acusativo, 'ad do-mum', senhor!
CENTURIÃO: Exceto que 'domus' leva o ...?
BRIAN: O locativo, senhor!
CENTURION: Que é ...?!
BRIAN: 'Domum'.
CENTURION: Entendeu?
BRIAN: Sim, senhor.
CENTURION: Agora escreva cem vezes.
BRIAN: Sim, senhor. Ave, César.
Monty Python, "A Vida de Brian"

Qual foi a uma das primeiras utilidades do seu computador? Cálculos, jogos, edição de texto? Independentemente de sua resposta, você deve ter passado informação para o seu computador por meio de um texto. Principalmente se o seu primeiro uso foi para a edição de texto. Escrevendo um e-mail ou editando um trabalho para a escola, você usou caracteres em sequência como entrada de dados.

O tempo todo interagimos com o computador por meio de textos. Podemos contar palavras, fazer estatísticas de seu uso e descobrir estilos ou até plágio. Quando você digita seu nome na tela de boas-vindas do computador e depois sua senha, algum programa está capturando o que você digita e depois conferindo o texto digitado com um arquivo no qual estão armazenadas as informações que confirmam se você tem ou não acesso àquela máquina.

Para um computador, um texto nada mais é que uma sequência de caracteres, ou, como é chamado no jargão da área, uma cadeia de caracteres. A forma mais corrente de denominar uma cadeia de caracteres é chamá-la de **string**. O termo vem do inglês, mas se estabeleceu no Brasil. É mais rápido falar *string* do que cadeia de caracteres, e por isso prefiro esse termo.

Cadeias de Caracteres e Arquivos

Neste capítulo vamos estudar como trabalhar um texto com um programa de computador.

6.1 *STRINGS*

O elemento básico de uma *string* é o caractere. Uma *string* é uma sequência de caracteres. Cada caractere representa uma letra do alfabeto, um número ou um símbolo. Neste ponto você pode até se esquecer de que na realidade o computador está usando dígitos zeros e uns para representar um caractere. O que importa é a abstração que o caractere representa, não o seu valor numérico.

Se você trabalha com um programa que manipula textos e por algum motivo está se perguntando qual o valor na tabela ASCII ou UTF-8 deste caractere, pense de novo se essa informação é realmente necessária. Dificilmente você irá precisar conhecer esse valor, a não ser que esteja trabalhando em programas de utilidade muito específica.

A forma de representar uma *string* em um programa já usamos muitas vezes: usamos dois caracteres de 'aspas simples' ou de "aspas duplas" para delimitar a *string*. Tudo o que estiver entre esses símbolos constituirá uma *string*. A regra básica é que se você começou com aspas simples deve terminar com aspas simples, o mesmo valendo para as aspas duplas.

A maior parte dos programadores prefere usar aspas simples, mas isso não é obrigatório. O funcionamento da *string* é o mesmo, com aspas simples ou duplas. Assim, as duas formas seguintes de representar uma *string* são equivalentes:

```
print ('Celacanto Provoca Maremoto')
print ("Celacanto Provoca Maremoto")
```

Uma vez você tenha começado uma *string* com um caractere de aspas simples, por exemplo, o outro, as aspas duplas, será interpretado como um caractere normal, permitindo que seja incluído com facilidade na *string*:

```
ordem1 = '"Romanes eunt domus"?'
ordem2 = "'Romani ite domum'"
print (ordem1)
print (ordem2)
```

■ **Programa 6.1: Uso de caracteres delimitadores de string.**

O Programa 6.1 vai imprimir na tela:

```
"Romanes eunt domus"?
'Romani ite domum'
```

Existem situações em que você quer que uma *string* continue em outra linha ou quer inserir uma tabulação. Para tanto, uma *string* também pode receber caracteres de controle. Esses caracteres são conhecidos como "sequências de escape". Um caractere de escape é um caractere que modifica o comportamento do caractere

177

Capítulo 6

seguinte. Em Python, o caractere de escape é a contrabarra (\). Algumas sequências de escape são:

Tabela 6.1 Algumas sequências de escape

\\	imprime a contrabarra. \
\n	insere uma quebra de linha
\t	insere tabulação horizontal
\'	insere aspas simples '
\"	insere aspas duplas "

Por exemplo, o Programa 6.2 utiliza alguns caracteres de escape para imprimir uma *string*. A contrabarra (\) isolada ao fim da linha serve para indicar que a *string* continua na linha seguinte.

```
frase = 'Celacanto\nProvoca\nMaremoto'
frase_longa = 'Certo:\t"Romani ite domum" \
Errado: "Romanes eunt domus"'
print (frase)
print (frase_longa)
```

■ **Programa 6.2: Uso de sequências de escape.**

O Programa 6.2 irá imprimir na tela:

```
Celacanto
Provoca
Maremoto
Certo:    "Romani ite domum" Errado: "Romanes eunt domus"
```

Você também pode usar aspas triplas para escrever uma *string* com várias linhas.

```
ordem = ''''"Romanes eunt domus"?
"Romani ite domum"'''
print (ordem)
```

■ **Programa 6.3: Uso de aspas triplas.**

Uma *string*, como todo dado, ocupa um espaço na memória. Os caracteres constituintes da *string* devem estar em uma região contígua. Cada um desses caracteres pode ser acessado individualmente. Como em uma lista, Python usa um índice para ter acesso a cada caractere. O primeiro índice é 0, como sempre.

De fato, muito do que foi apresentado sobre listas também vale para as *strings*. Veja como percorrer cada letra de uma *string* no Programa 6.4.

```
frase = 'Celacanto'
for letra in frase:
    print(letra)
```

■ **Programa 6.4: Percorrendo uma string.**

Cadeias de Caracteres e Arquivos

Esse programa imprime cada letra de frase em uma linha diferente:

```
C
e
l
a
c
a
n
t
o
```

Você pode obter o mesmo resultado com o Programa 6.5, mas usar range() não é a melhor solução. Prefira a primeira versão, que percorre a *string* diretamente.

```
frase = 'Celacanto'
for i in range(len(frase)):
    print(frase[i])
```

■ **Programa 6.5: Percorrendo uma string com range().**

EXERCÍCIO 6.1

→ Escreva uma função que escreva na tela 100 vezes a frase 'Romani ite domum'.

6.1.1 *STRINGS* SÃO IMUTÁVEIS

Talvez o aspecto mais importante para se aprender sobre *strings* em Python é que são objetos **imutáveis**! Sim, como os inteiros, cada vez que você modifica um caractere de uma *string*, o interpretador cria um novo objeto *string*. Mesmo que seja tentador fazer uma atribuição direta para partes de uma *string*, se você tentar modificar uma *string* deste modo (Programa 6.6), irá obter um erro do interpretador Python:

```
frase = 'Romani'
print (frase[-1])
frase[-1] = 'o'
```

■ **Programa 6.6: Programa com erro de tentativa de modificação de uma string.**

O resultado será:

```
i
Traceback (most recent call last):
File "imutavel.py", line 3, in <module>
frase[-1] = 'o'
TypeError: 'str' object does not support item assignment
```

O que Python está dizendo é que na linha 3 houve um erro. Mais ainda, diz que o objeto 'str', que é a *string*, não suporta a atribuição de um item. Perceba que, para ler o caractere 'i' de 'Romani', a sintaxe de colchetes é correta, e, como em uma lista, o

179

Capítulo 6

último elemento de uma *string* pode ser lido com o índice −1. Mas você pode apenas ler, nunca substituir um elemento de uma *string*.

Portanto, se você deseja realmente modificar uma *string*, terá de criar uma *string* nova a partir da original (Programa 6.7).

```
frase = 'Romani'
frase = frase[:-1] + 'o'
print (frase)
```

- **Programa 6.7: Programa que cria uma nova string a partir de outra.**

A expressão `frase[:-1]` toma todos os caracteres de `frase` até o penúltimo, como no fatiamento de listas. Uma vez que tenha essa fatia de `frase`, cria uma nova *string* e a atribui à variável `frase`, concatenando a fatia obtida ao caractere 'o'. Veja um esquema da ação na Figura 6.1.

Figura 6.1 Criação de *string* por fatiamento.

Veja que a *string* original, 'Romani', virou lixo. Python vai recolher esse lixo e liberar a área de memória para ser reutilizada pelo mecanismo conhecido como "coletor de lixo" (Veja Seção 2.6.1).

Como as *strings* são imutáveis, podem ser passadas como parâmetro para uma função sem risco de serem alteradas. É instrutivo comparar o comportamento de *strings* e listas quando passadas como parâmetros. Veja o Programa 6.8.

```
def muda_valor(param):
    param += 'x'
    print('Dentro da função:',param)
lista = ['a','b','c']
palavra = 'abc'
muda_valor(lista)
muda_valor(palavra)
print(lista)
print(palavra)
```

- **Programa 6.8: Diferença entre passar uma lista ou uma string como parâmetro de uma função.**

O resultado é:

```
Dentro da função: ['a', 'b', 'c', 'x']
Dentro da função: abcx
['a', 'b', 'c', 'x']
abc
```

Perceba como a lista foi modificada e recebeu o acréscimo do 'x' enquanto a *string* do programa principal permaneceu inalterada.

Cadeias de Caracteres e Arquivos

> **EXERCÍCIO 6.2**

→ Volte aos capítulos sobre listas e teste quais comandos de listas funcionam em *strings*. Substitua nos programas do capítulo as listas por *strings*, quando couber, e veja se ocorrem erros de execução.

> **EXERCÍCIO 6.3**

→ Escreva um programa em Python que conte a quantidade de espaços em branco de uma *string*.

6.2 FATIANDO *STRINGS*

Na Seção 5.6 você viu as diversas operações de fatiamento de listas. A sintaxe é a mesma para as *strings*. Você só deve lembrar, e nunca é demais repetir, que listas são objetos mutáveis e *strings* são imutáveis.

O formato geral de fatiamento é o mesmo:

```
[início:fim:passo]
```

O Programa 6.9 apresenta diversas possiblidades de fatiamento de uma *string*.

```
frase = 'Romani ite domum'
print (frase[7:10])
print (frase[:6])
print (frase[7:])
print (frase[7:-1])
print (frase[:])
```

■ **Programa 6.9: Programa fatia a string em várias partes.**

O programa imprime:

```
ite
Romani
ite domum
ite domu
Romani ite domum
```

Por exemplo, se você quiser saber se uma palavra é um palíndromo, ou seja, se pode ser lida da mesma forma de frente para trás e de trás para a frente, basta fazer o teste:

```
if palavra == palavra[::-1]:
```

O fatiamento de frase devolve a *string* invertida. Se forem iguais, o resultado da comparação é `True`. Simples, não?

Capítulo 6

EXERCÍCIO 6.4

→ Escreva uma função que receba uma *string* como parâmetro e escreva-a invertida, usando apenas o fatiamento. Ex.: 'celacanto provoca maremoto' imprime 'otomeram acovorp otnacalec'. Dica: o passo pode ser negativo.

EXERCÍCIO 6.5

→ Tente outras formas de testar se uma palavra é um palíndromo. Tente outro fatiamento.

EXERCÍCIO 6.6

→ O teste de palíndromo desta seção tem um grande problema: ele não diferencia maiúsculas de minúsculas. Desse modo, 'Ovo' não seria identificado como palíndromo. Como se pode consertar isso? Pesquise a função de Python 'lower()' que transforma maiúsculas em minúsculas.

6.3 OPERAÇÕES SOBRE *STRINGS*

Python possui dezenas de funções que atuam sobre *strings*. Seria repetitivo listar todas as suas funções. Algumas são bastante úteis; outras são mais raras de serem usadas. De qualquer modo, vale o conselho de sempre: antes de partir para a programação de suas próprias funções, confira se Python já não possui o que você quer como uma função embutida ou por meio de módulos.

Algumas funções mais usadas são:

s.isalpha() / s.isdigit() / s.isspace() Retorna True se a *string* s é composta só de letras / só de dígitos / só de caracteres de espaço. Caracteres de espaço incluem caracteres de nova linha (\n) e tabulação (\t)).

s.lower() / s.upper() Retorna uma cópia da *string* s com todos os caracteres em minúsculas / maiúsculas.

s.startswith(outra) / s.endswith(outra) Retorna True se a *string* s começa/termina com "outra" *string*.

s.count(outra) Retorna o número de vezes que a *string* "outra" aparece em s.

s.strip() Retorna uma cópia da *string* s com todos os caracteres de espaço (que incluem caracteres de nova linha (\n) e tabulação (\t)) removidos.

s.find(outra) Faz busca de "outra" na *string* s e retorna o primeiro índice em que "outra" ocorre. Retorna −1 se não encontrar.

s.replace(antiga, nova) Retorna uma *string* na qual todas as ocorrências da *string* "antiga" foram substituídas pela *string* "nova".

Cadeias de Caracteres e Arquivos

s.split(delimitador) Retorna uma lista de *substrings* separadas por um delimitador.

s.join(lista) Junta os elementos da lista usando uma *string* como delimitador.

Essas funções resolvem muitos problemas facilmente.

Um par de funções muito útil é `split()` e `join()`. Vamos usá-los para resolver um problema de formação. Veja o Programa 6.10.

```
nome = 'João Araujo Ribeiro'
lista = nome.split(' ')
print (lista)
lista[1] = lista[1][0] +'.'
print (lista)
lista[0],lista[1],lista[2] = lista[2],lista[0],lista[1]
lista[0] += ','
print (lista)
nome = ' '.join(lista)
print (nome)
```

■ **Programa 6.10: Programa que formata um nome.**

O resultado deste programa é:

```
['João', 'Araujo', 'Ribeiro']
['João', 'A.', 'Ribeiro']
['Ribeiro,', 'João', 'A.']
Ribeiro, João A.
```

O que foi feito no programa? Na linha 2, `lista = nome.split(' ')`, a *string* `nome` foi dividida em seus componentes. Dessa forma, cada palavra foi colocada em uma posição na lista criada. O elemento que serviu para separar as palavras foi o ' ', um espaço em branco.

A cada passo o programa imprime a variável para que você possa acompanhar o seu desenvolvimento.

Na linha 4,

```
lista[1] = lista[1][0] +'.',
```

foi feito um fatiamento e uma concatenação. Entender isso torna-se mais fácil se dividimos a operação em várias etapas:

```
nome_meio = lista[1]
lista[1] = nome_meio[0] + '.'
```

Só lembrando: listas são mutáveis e *strings* são imutáveis. Não se esqueça disso.

Voltando ao trecho do programa. Uma lista de *strings* comporta-se como uma matriz bidimensional. Deste modo, com dois índices podemos ter acesso a um elemento específico das *strings* referenciadas por `lista`. Assim, `lista[1][0]` é uma *string*. Concatenando com o ponto, obtemos 'A.'.

A linha 6,

```
lista[0],lista[1],lista[2] = lista[2],lista[0],lista[1],
```

183

Capítulo 6

nem era necessária. Está aí para mostrar que posso fazer atribuições de mais de uma variável simultaneamente, no caso, três variáveis. Não há problemas de atribuição, pois Python avalia primeiro a expressão do lado direito e só então faz a atribuição em sequência de todas as variáveis.

A linha 7 simplesmente concatena uma vírgula à primeira *string* da lista, para formar 'Ribeiro,'. "Ah, então podemos modificar uma *string*! Não, não podemos. Uma *string* é imutável. O que aconteceu foi que `lista[0]` referenciava 'Ribeiro' e foi criada uma nova *string* com o conteúdo 'Ribeiro,'. A *string* anterior virou lixo na memória.

A linha 9, `nome = ' '.join(lista)`, também é desnecessária, embora sirva para demonstrar bem o uso de `join()`. A função `join()` irá unir todos os elementos da lista, separados pelo caractere ' '. Assim, entre cada elemento da lista é colocado o caractere espaço.

Mencionei que algumas linhas eram desnecessárias, pois existe uma solução mais direta no Programa 6.11:

```
1 nome = 'João Araujo Ribeiro'
2 lista = nome.split(' ')
3 print (lista)
4 nome_formatado = lista[-1] + ', ' + lista[1][0] + '. ' + lista[0]
5 print (nome_formatado)
```

■ **Programa 6.11: Programa que formata um nome. Versão mais direta.**

O resultado será o mesmo.

EXERCÍCIO 6.7

→ Escreva uma função que receba uma *string* como parâmetro e diga se se trata de um palíndromo ou não. Na *string* devem ser ignorados os espaços em branco e as letras maiúsculas e minúsculas não são diferenciadas. Por exemplo, a frase 'Seco de raiva coloco no colo caviar e doces' deve ser considerada um palíndromo.

EXERCÍCIO 6.8

→ O Programa 6.10 só funciona bem com um nome composto de três partes. Modifique o programa para que seja possível trabalhar com um número maior de partes.

EXERCÍCIO 6.9

→ Prepare seu programa do exercício anterior para aceitar também nomes compostos de apenas duas partes.

Cadeias de Caracteres e Arquivos

6.4 ARQUIVOS

Você já sabe o que é um arquivo. A maior parte dos arquivos de seu computador possui um formato especial. Sem conhecer os detalhes desse formato é impossível lê-los. Mas existe um tipo de arquivo que você sempre pode ler e até escrever: os arquivos de texto. Não estou falando aqui de arquivos que você usa em um editor de texto complexo, como o *Word* ou o *LibreOffice*. Falo de arquivos de texto puro, sem nenhuma formatação. Estes só contêm caracteres.

Com Python você pode processar qualquer tipo de arquivo, basta conhecer os detalhes de seu formato, mas, precisamos nos concentrar nos textos por serem mais imediatos.

Abrir um arquivo em Python é muito simples:

```
arquivo = open(nome do arquivo,modo)
```

O nome do arquivo pode incluir seu caminho completo entre os diretórios. Isso é fonte de confusão muitas vezes, pois os sistemas operacionais usam formas diversas para indicar o caminho nos diretórios ("*folders*" ou pastas) do computador. Assim, dependendo de como você especificar esse caminho, o programa pode executar corretamente em um sistema operacional (Linux, Windows, MacOS) e apresentar erro em outro.

Os modos podem ser vistos na Tabela 6.2.

Tabela 6.2 Modos de abertura de um arquivo

Modo	Arquivo existe	Arquivo não existe
'r'	Aberto para leitura (*read*)	Erro de arquivo inexistente
'w'	Apaga arquivo e abre novo (*write*)	Cria novo arquivo aberto para escrita
'a'	Abre para acrescentar (*append*)	Cria novo arquivo aberto para escrita

Fato 6.1 – Nomes de arquivos.

O nome de um arquivo é composto de seu nome propriamente dito e de seu "caminho", isto é, sua localização dentro do sistema de arquivos. Essa localização não é uma coisa física, mas é, antes de tudo, uma consequência da organização lógica implementada pelo sistema operacional. São os sistemas operacionais que vão determinar como os arquivos são organizados e acessados.

Se em um passado recente todos os arquivos eram armazenados em discos, hoje em dia cada vez mais vemos dispositivos eletrônicos sendo usados para este fim, como os pen-drives e unidades SSD.

Atualmente, existem duas principais "*famílias*" de sistemas operacionais: Windows e UNIX.

Na família Windows, a mais difundida entre os usuários domésticos, o sistema de arquivos divide seus componentes em unidades lógicas. Assim, e você já deve estar acostumado, seu disco é dividido em unidades lógicas designadas por letras como C:, D:, E: e assim por diante. O nome completo do arquivo, que inclui seu caminho, é determinado pelo nome

185

Capítulo 6

da unidade lógica seguido pelos nomes de todas as "pastas" (também chamadas de "fol-ders" ou "diretórios") separadas por uma barra (\). Por exemplo, um arquivo de nome `da-dos.txt` poderia ter um nome completo como `C:\usuario\documentos\dados.txt`.

No Windows, outra característica é que os nomes de arquivos são **insensíveis ao uso de maiúsculas e minúsculas**. Tanto faz chamar o arquivo `dados.txt`, `DADOS.TXT`, `Da-dos.txt` ou qualquer combinação possível. Todos esses nomes se referem ao mesmo arquivo. O mesmo vale para as letras que designam as unidades lógicas: `c:` e `C:` referem-se à mesma unidade.

Na família UNIX, que inclui o Linux e MacOS, os arquivos são colocados em uma árvore de diretórios, não havendo o conceito de unidades lógicas como no Windows. A barra usada também é contrária à do Windows (/). Existe um diretório chamado de "raiz" no qual serão "montados" todos os outros. Montar, no jargão de Unix, é colocar uma unidade de armazenamento de arquivos na árvore de diretórios do sistema operacional. Um nome completo de arquivo seria por exemplo `/home/araujo/dados.txt`. Os nomes **são sensíveis a maiúsculas e minúsculas**. O arquivo `dados.txt` é diferente de `Dados.txt`.

Outra característica dos sistemas baseados no Unix é que as extensões de 3 letras ao final do nome não determinam o tipo de arquivo. Um arquivo pode ter nome `dados` e ainda assim ser um arquivo de texto.

Se você lê ou escreve em um arquivo que esteja na mesma pasta de seu programa Python, não terá de colocar seu caminho completo. Você também pode usar caminhos relativos. Um arquivo que esteja na pasta textos que está dentro da pasta do seu programa pode ser acessado por `textos/dados` (Linux) ou `textos\dados.txt` (Windows).

Não dá para esgotar aqui tudo sobre as características dos sistemas de arquivos. Mas o essencial está apresentado.

Sempre que abrir um arquivo, ao fim de sua utilização, lembre-se de fechá-lo. Normalmente as consequências do esquecimento de fechar um arquivo, especialmente aqueles abertos para leitura, não são graves, mas é bom fazê-lo sempre. Fechar um arquivo permite liberar a memória associada ao arquivo e garante que todos os dados sejam gravados, no caso de arquivos abertos para escrita ('w' e 'a'). O comando para fechar um arquivo, que deve estar aberto para não ocasionar erro, é:

```
arquivo.close()
```

Para ler, usa-se o comando `readlines()` que lê um arquivo texto para dentro de uma lista. Cada elemento da lista é uma linha do arquivo. Um inconveniente é que cada linha virá com um caractere '\n' (nova linha) ao final. Então, muitas vezes, é necessário livrar-se desse caractere extra.

Vamos trabalhar com um arquivo pequeno, nomes.txt. Este arquivo tem apenas 3 linhas. Para executar os programas desta seção, abra um editor de textos puro, não serve Word ou LibreOffice, e escreva alguns nomes, cada um em uma linha, e salve com o nome `nomes.txt`. No meu caso, o arquivo tem apenas 3 linhas, cada uma com o nome de um cientista da computação:

```
Niklaus Wirth

John von Neumann

Dennis Ritchie
```

Cadeias de Caracteres e Arquivos

No Programa 6.12 usamos `readlines()` para ler o arquivo para uma lista chamada `linhas` e depois usamos a interação sobre a lista da maneira usual para imprimir cada linha lida.

```
arquivo = open('nomes.txt', 'r')
linhas = arquivo.readlines()
arquivo.close()
for linha in linhas:
    print(linha)
```

■ **Programa 6.12: Programa que lê arquivo com readlines().**

O resultado:

```
Niklaus Wirth
John von Neumann
Dennis Ritchie
```

Observe que as linhas impressas ficaram separadas por uma linha vazia extra que não consta do arquivo original. Isso aconteceu porque não filtrei o caractere de nova linha ao fim de cada linha.

Para corrigir isso, podemos criar a lista por compreensão. Lembra? (Seção 5.4). O que vamos fazer é criar uma lista a partir da lista criada por `readlines()`, porém filtrando o caractere '\n' ao final de cada uma.

Para retirar esse caractere podemos usar a função `rstrip()`. Como vimos, strip() é uma função que devolve uma cópia de uma *string* retirando os caracteres de espaço. A função `rstrip()` é um parente próximo, mas só retira os caracteres de espaço que estejam no final da *string* (\n). Veja no Programa 6.13.

```
1 arquivo = open('nomes.txt', 'r')
2 linhas = [linha.rstrip() for linha in arquivo.readlines()]
3 arquivo.close()
4 for linha in linhas:
5     print (linha)
```

■ **Programa 6.13: Programa que lê arquivo com readlines() e rstrip().**

O resultado é que cada linha perdeu seu caractere de nova linha e a impressão fica bem melhor:

```
Niklaus Wirth
John von Neumann
Dennis Ritchie
```

Uma terceira forma seria ler o arquivo inteiro para uma *string*. Isso é possível com a função `read()`.

```
1 arquivo = open('nomes.txt', 'r')
2 texto = arquivo.read()
3 arquivo.close()
4 print ('Imprimindo linhas de texto')
5 print(texto)
```

Capítulo 6

```
6 linhas = texto.split('\n')
7 print ('Imprimindo linhas (read com split)')
8 for linha in linhas:
9 print (linha)
```

■ **Programa 6.14: Programa que lê arquivo com read().**

Neste exemplo, na linha 2 o arquivo é lido inteiro para uma *string* chamada `texto`. Veja como a impressão de nomes apresenta exatamente o texto do arquivo. Logo em seguida, na linha 6, usamos a função `split()` para dividir a *string* usando o caractere de nova linha (`\n`) como delimitador. Essa função irá devolver uma lista em que cada elemento é uma linha, porém sem o caractere de nova linha.

O resultado da execução do programa é:

```
Imprimindo linhas de texto
Niklaus Wirth
John von Neumann
Dennis Ritchie
Imprimindo linhas (read com split)
Niklaus Wirth
John von Neumann
Dennis Ritchie
```

Uma última forma seria processar o arquivo diretamente, percorrendo seu conteúdo e processando uma linha por vez, sem passar por uma lista de linhas. Obviamente, como a lista de linhas não está guardada, o programa só pode processar o arquivo uma vez sem precisar voltar ao início de tudo. O arquivo só deve ser fechado nesse caso depois de a última linha ter sido processada.

```
arquivo = open('nomes.txt', 'r')
for linha in arquivo:
    print (linha.rstrip())
arquivo.close()
```

■ **Programa 6.15: Programa que lê arquivo e processa imediatamente cada linha.**

O uso de `rstrip()` serve para evitar linhas vazias entre cada impressão.

EXERCÍCIO 6.10

→ Escreva um programa que converta todas as letras de um arquivo em maiúsculas e escreva o resultado na tela.

EXERCÍCIO 6.11

→ Escreva um programa que converta todas as letras de um arquivo em minúsculas e escreva o resultado na tela.

Cadeias de Caracteres e Arquivos

> **EXERCÍCIO 6.12**
>
> → Escreva um programa que converta a primeira letra de cada palavra de um arquivo em maiúscula e escreva o resultado na tela.

6.5 ESCREVENDO EM ARQUIVOS

Escrever em um arquivo demanda abri-lo anteriormente para escrita ou atualização ('w' ou 'a'). Lembrando que se um arquivo já existente for aberto para escrita seu conteúdo anterior, será totalmente apagado, portanto, cuidado!

Considere o Programa 4.6 que calcula uma tabela de senos e cossenos formatada. Vamos modificá-lo para escrever em um arquivo chamado "tabelaSenosCossenos.txt".

```
1  import math
2
3  arquivo = open('tabelaSenoCosseno.txt', 'w')
4  arquivo.write ('{:>9}{:>9}{:>9}{:>9}'.format('Graus',
5      'Radianos','Seno','Cosseno'))
6  for graus in range(0,361,30):
7      rad = math.radians(graus)
8      arquivo.write('{:>9.2f}{:>9.2f}{:>9.2f}{:>9.2f}'.format(
9      graus, rad, math.sin(rad), math.cos(rad)))
10 arquivo.close()
```

■ **Programa 6.16: Programa que cria arquivo com tabela de senos e cossenos.**

Qual é o resultado do arquivo? Não muito bom:

Graus	Radianos	Seno	Cosseno	0.00	0.00	0.00
1.00	30.00	0.52	0.50	0.87	60.00	1.05
0.87	0.50	90.00	1.57	1.00	0.00	
120.00	2.09	0.87	-0.50	150.00	2.62	
0.50	-0.87	180.00	3.14	0.00	-1.00	
210.00	3.67	-0.50	-0.87	240.00	4.19	
-0.87	-0.50	270.00	4.71	-1.00	-0.00	
300.00	5.24	-0.87	0.50	330.00	5.76	
-0.50	0.87	360.00	6.28	-0.00	1.00	

Tudo ficou muito bagunçado. A razão é que a função `write()` não coloca automaticamente uma nova linha ao final de cada impressão. Você é responsável por isso. Para tanto, basta modificar as linhas 4 e 8 para incluir o caractere de nova linha. Lembra qual é? Isso mesmo: \n. Substitua a linha 4 por:

```
arquivo.write ('{:>9}{:>9}{:>9}{:>9}\n'.format('Graus',
            'Radianos', 'Seno', 'Cosseno'))
```

e a linha 8 por:

```
arquivo.write('{:>9.2f}{:>9.2f}{:>9.2f}{:>9.2f}\n'.format(
            graus, rad, math.sin(rad), math.cos(rad)))
```

189

Capítulo 6

Agora a saída no arquivo fica muito melhor:

```
Graus Radianos     Seno  Cosseno
  0.00    0.00     0.00     1.00
 30.00    0.52     0.50     0.87
 60.00    1.05     0.87     0.50
 90.00    1.57     1.00     0.00
120.00    2.09     0.87    -0.50
150.00    2.62     0.50    -0.87
180.00    3.14     0.00    -1.00
210.00    3.67    -0.50    -0.87
240.00    4.19    -0.87    -0.50
270.00    4.71    -1.00    -0.00
300.00    5.24    -0.87     0.50
330.00    5.76    -0.50     0.87
360.00    6.28    -0.00     1.00
```

EXERCÍCIO 6.13

→ Escreva um programa que salve uma tabela com a conversão de temperaturas Celsius para Fahrenheit de 0 a 300.

EXERCÍCIO 6.14

→ Escreva um programa que copie o conteúdo de um arquivo para um novo arquivo. Seu programa deve testar se o arquivo de destino já existe e, se afirmativo, deve perguntar ao usuário se ele quer sobrescrevê-lo.

EXERCÍCIO 6.15

→ Escreva um programa que guarde os pontos gerados pelo Programa 4.16 em um arquivo, um ponto por linha. Ao final, escreva nesse arquivo o resultado do cálculo para pi.

6.6 OBSERVAÇÕES FINAIS

A manipulação de *strings* e arquivos depende muito da linguagem de programação utilizada. Neste ponto, Python é uma linguagem muito poderosa ao manipular *strings*, pois fornece mecanismos diretos e simples. Outras linguagens podem necessitar de bibliotecas de funções para processar *strings*. Então, fique atento: grande parte do que foi apresentado neste capítulo se aplica somente à linguagem Python e, se você utilizar outra linguagem, deverá pesquisar como esses mecanismos podem ser implementados.

Cadeias de Caracteres e Arquivos

Caso precise escrever muitos programas que manipulam *strings*, vale a pena conhecer mais sobre **expressões regulares**. Expressões regulares são um mecanismo que permite a pesquisa, a validação e a substituição em *strings*, e é fornecido por várias linguagens de programação, seja como biblioteca à parte, seja dentro da própria sintaxe da linguagem. Esse é um tema mais avançado, porém, não será tratado neste livro. Ele deve interessar, principalmente, às pessoas que trabalham com processamento de textos.

O tratamento de arquivos é muito dependente da família do sistema operacional com o qual se trabalha (Linux, Windows, Mac). De qualquer forma, os conceitos básicos são os mesmos em qualquer sistema operacional, mas você deve ficar atento se o programa em desenvolvimento é dedicado a apenas um sistema operacional ou será executado em sistemas operacionais pertencentes a famílias diferentes.

7

Recursão

"Para entender recursão, você deve primeiro entender recursão." Piada anônima sobre recursão

A recursão é uma técnica elegante de resolver determinada classe de problemas. Exige apenas certa ginástica mental para se entender o conceito. Não é difícil, uma vez que você tenha entendido o mecanismo.

Diversos problemas têm uma solução bem simples se usarmos esta técnica que é baseada no fato de que uma função pode chamar a si mesma. Nem todos os problemas podem ser resolvidos recursivamente e mesmo entre os que podem, alguns não ganham em velocidade ou clareza no uso desta técnica. Portanto, quero que você aprenda não apenas a usar a técnica recursiva, mas também a reconhecer quando é útil na solução de um problema.

Lembro-me de quando aprendi a técnica em curso de programação na universidade e passei a usá-la para todo problema, mesmo os que não lhe fossem pertinentes. Não foi perda de tempo. Aplicar a técnica em diversos problemas leva a um aprendizado mais sedimentado e com o tempo você começa a entender quando deve ou não usar a técnica.

7.1 FILA DE PROGRAMADORES MÍOPES

Antes de apresentar a técnica com programas, gostaria de contar uma pequena história para ilustrar como a recursão pode resolver problemas. Depois a gente passa o conceito para o mundo dos computadores.

Após muitos anos trabalhando em frente ao computador sem cuidar de seus olhos, você ficou bastante míope. Mas muito míope mesmo. Um dia, alguém lhe informa de que uma grande ótica está doando óculos de grau para programadores míopes. Oba! Esta é grande chance de voltar a enxergar bem! Você vai à loja, mas, quando chega lá, depara-se com uma fila gigante, dobrando o quarteirão. Como você não enxerga

Recursão

muito bem, não tem nenhuma ideia de quantas pessoas estão à sua frente. Mas é uma fila de programadores! Você pode usar a recursão para conhecer sua posição.

Figura 7.1 Fila de Programadores Míopes. Fonte: Leontura | Stockphoto.com.

Como? Você sabe que sua posição será 1 mais a posição da pessoa à sua frente. Você toca no ombro dela e pergunta:

– *Qual a sua posição na fila?*

Ela também não sabe, e pergunta à pessoa na frente:

– *Qual a sua posição na fila?*

E esse processo vai de pessoa a pessoa até chegar ao primeiro da fila que, não tendo ninguém à frente, sabe que é o primeiro. Ele responde:

– *Sou o número 1.*

O segundo, ao receber esta resposta, olha para trás e responde:

– *Sou o número 2.*

O seguinte olha para trás e responde:

– *Sou o número 3.*

E esse processo se repete pela fila até chegar a você. A pessoa que está à sua frente vai responder qual é a sua posição e você irá somar 1 para conhecer a sua própria posição.

Veja que, apesar da quase totalidade das pessoas que estão na fila não saberem de sua própria posição, você obtêve uma resposta porque uma pessoa da fila sabia ser a primeira. A pergunta se propagou pela fila até chegar a ela, e cada pessoa por onde a pergunta passou só teve de acrescentar 1 ao número respondido pela pessoa que estava à frente.

A recursão é baseada na capacidade que uma função tem de chamar a si própria. Uma função sempre pode chamar outra função, mas o que acontece se esta chama a si própria? Se for feito sem controle, a função irá se chamar indefinidamente até travar o seu computador. Por isso, você precisa colocar algum bloqueio. Em algum ponto, a função recursiva deve parar de se chamar e retornar um resultado. No caso da fila de míopes era a pessoa que tinha certeza de sua posição, pois não tinha ninguém à frente de si para perguntar.

O que acontece é que uma função recursiva cada vez que chama a si mesma resolve uma versão mais simples do problema original. A pergunta feita na fila foi sempre a mesma, essa é nossa função.

193

Capítulo 7

A estrutura de base da solução é:

Se você souber a resposta, responda-me; se não souber, faça a mesma pergunta à pessoa à sua frente, some 1 à resposta e responda-me.

No caso do primeiro da fila, ele também vai perguntar à pessoa da frente, mas essa pessoa não existe: é como se a pergunta retornasse zero. Nosso algoritmo poderia ser o seguinte:

```
Se não tem ninguém na frente:
    retorne 0
senão:
    retorne 1 mais a posição da pessoa à frente.
```

7.2 CÁLCULO RECURSIVO PARA TAMANHO DE LISTA

Vamos usar uma lista para simular nossa fila de míopes. Não importa muito o que esta fila contenha, queremos apenas calcular seu tamanho. É claro, Python tem o método `len()` que fornece essa informação, mas quero mostrar como seria uma solução recursiva para este problema.

Vamos chamar esta função de `tamanho()`. Essa função recebe uma lista e diz quantos elementos há nesta fila, sem usar a função `len()`. Da mesma forma que a fila de míopes, a função `tamanho()` sabe que o tamanho da lista é 1+ o tamanho da lista da qual foi retirado um elemento. Desse modo, a solução é retirar 1 elemento da lista e chamar a função tamanho com essa lista reduzida. O caso-limite será quando a lista estiver vazia. Ora, é fácil calcular o tamanho de uma lista vazia: é zero! Então a resposta vai voltando como uma cascata de respostas, cada nível acrescentando 1 ao valor obtido pela função chamada. Veja o Programa 7.1.

```python
def tam(f):
    """Calcula tamanho da lista f."""
    if f == []:
        return 0
    else:
        return 1 + tam(f[1:])
def main():
    fila = [1, 43, 2, 3]
    tamanho = tam(fila)
    print('O tamanho da fila é', tamanho)
main()
```

■ **Programa 7.1: Tamanho de lista usando recursão.**

Observe que são apenas duas informações: sei que uma lista vazia tem tamanho zero. Sei também que uma lista tem tamanho igual à lista imediatamente menor mais 1. Com isso resolvo o problema de calcular o tamanho da lista recursivamente.

Voltando ao algoritmo, poderíamos escrever:

Se você souber o tamanho da lista, responda-me; se não souber, pergunte o tamanho da lista imediatamente menor, some 1 e responda-me.

194

Recursão

A execução deste programa fornece:

```
O tamanho da fila é 4
```

Esta solução oferece um roteiro para desenvolver sua própria solução recursiva de problemas:

1. Pense em como seria o problema se ele fosse um passo mais simples. No exemplo, se meu problema é saber o tamanho de uma lista com n elementos, o caso com um passo mais simples é descobrir o tamanho de uma lista com n-1 elementos.

2. Descubra qual é a relação deste problema um passo mais simples com o problema que você quer resolver. No caso, o problema para se resolver tem resposta que é igual a 1 mais a solução do problema com um passo mais simples.

3. Pense em qual seria o caso mais simples de todos a se resolver, ou seja, procure entender qual seria o problema mais simples que poderia ser apresentado e que deve ter uma solução trivial. Perceba que se o item 1 chama a função reduzindo a complexidade, a função deve convergir para esse caso trivial. No problema desta seção, saber o tamanho de uma lista vazia é o problema trivial.

EXERCÍCIO 7.1

→ Escreva uma função recursiva que imprima uma *string* na ordem inversa. Ex.: "*celacanto provoca maremoto*" será impressa como "*otomeram acovorp otnacalec*".

EXERCÍCIO 7.2

→ Escreva uma função recursiva que diga se uma palavra é um palíndromo. Ex: arara, ovo, radar, osso.

EXERCÍCIO 7.3

→ Escreva uma função recursiva que diga se uma frase é um palíndromo. Não esqueça de ignorar ou apagar os espaços antes de comparar as letras. Ex: "A mala nada na lama", "a base do teto desaba".

Uma solução recursiva não tem laços de execução. A repetição da ação se faz por meio de chamadas recursivas.

7.3 MODELO DE EXECUÇÃO

É instrutivo entender como Python funciona quando é feita uma chamada recursiva. Python tem uma estrutura chamada pilha em que são guardadas as informações das chamadas às funções. Independentemente de ser recursiva ou não, uma função tem que guardar seu estado e suas variáveis na pilha.

195

Capítulo 7

O que é a pilha? Uma pilha é uma estrutura que guarda informações de tal modo que você só tem acesso à última informação guardada. É como uma pilha de pratos. Ao final do almoço em família de domingo, alguém faz uma pilha de pratos, mas só pode lavar se começar pelo topo. Só se pode tirar um prato por vez, para não provocar um desastre, e uma vez esse prato retirado, é possível lavar/processar o próximo.

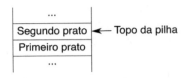

Figura 7.2 Pilha com "dois pratos".

A pilha, nos computadores, é uma estrutura que serve para organizar o acesso às informações. Veja o exemplo recursivo de saber sua posição em uma fila. Você só pode saber sua resposta depois que cada um à sua frente processou a informação. Cada vez que você pergunta à pessoa à sua frente "qual é o seu lugar na fila?", é como colocar uma informação na pilha, esperando a resposta. Quando o primeiro responde que é o número 1, esse elemento não é mais necessário e pode sair da pilha.

Mas o que se guarda na pilha? Python vai colocar na pilha, para cada chamada de função, os parâmetros da própria função e o endereço de retorno, quer dizer, o número da linha em que o programa estava executando quando foi chamado. Na verdade não é linha, mas o endereço de memória para retorno. Para simplificar as coisas, vamos pensar nesse endereço como a linha do programa.

A cada chamada, Python coloca informações sobre a função na pilha e trabalha com uma versão menor da lista da qual se está calculando o tamanho. Quando encontra uma resposta, no caso zero, salva o resultado na pilha e retorna ao fluxo principal do programa.

Vamos acompanhar a pilha para o programa de cálculo do tamanho da lista.

Figura 7.3 Pilha inicial.

No início a pilha tem apenas a lista `fila` da função e uma variável inteira, `tamanho`, ainda sem valor. Na primeira chamada a `tam()`, o programa coloca a variável `f` no topo da pilha e um espaço para o valor a ser retornado para quem chamou (Figura 7.4).

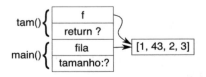

Figura 7.4 Primeira chamada de tam().

Recursão

Depois desta primeira chamada, a função `tam()` vai ser chamada sucessivamente, cada vez com uma versão simplificada da lista. Toda vez que isso ocorre, uma nova posição é ocupada na pilha. A pilha vai crescer de acordo com o número de chamadas recursivas. Note que nada é resolvido, mas Python deixa espaço para que o programa volte pela pilha até o programa que chamou originalmente `tam()` (Figura 7.5).

Quando as chamadas encontram uma função trivial, que dá uma resposta, começa o processo de retorno de resultados e esvaziamento da pilha. A regra da pilha de que só pode ser retirada a função que está no topo, garante que a resposta irá seguir entre as funções até chegar à primeira função.

Perceba que cada nível da pilha guarda as variáveis da instância da função. Tudo funciona como se a cada chamada Python criasse uma cópia exata da função e desse novas variáveis para a função trabalhar. Não é feita uma cópia de `tam()` na realidade. Python simplesmente indica à mesma função quais são os dados com os quais vai trabalhar. Apesar do mesmo nome, as variáveis `f` de cada nível são entidades completamente independentes. A única forma de passar um valor de volta a quem chamou é por meio do comando `return`.

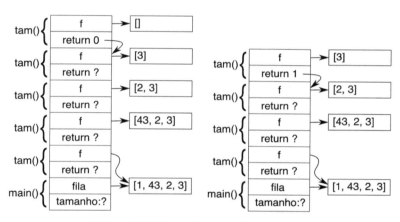

Figura 7.5 Chamadas a tam() e retorno.

Cada retorno diminui o tamanho da pilha. A memória ocupada pelas variáveis de cada "cópia" de `tam()` é liberada (Figura 7.6).

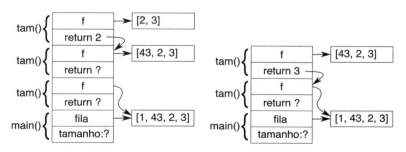

Figura 7.6 Retornos diminuem o tamanho da pilha.

Capítulo 7

Esse processo continua até que a resposta chegue à função que originou a primeira chamada (Figura 7.7).

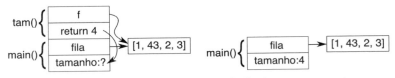

Figura 7.7 Resultado final.

Edsger W. Dijkstra – 1930-2002.

Dijkstra (pronuncia-se *déikstra*) foi um dos mais importantes cientistas de computação do século XX. Nascido na Holanda, cunhou o termo **"Programação Estruturada"** e com seus textos sobre computação foi um dos precursores da engenharia de software, possibilitando aos programadores organizar e gerenciar a complexidade crescente do desenvolvimento de software.

Muitos dos conceitos desenvolvidos por Dijkstra são hoje parte das disciplinas da Ciência da Computação. Dijkstra escrevia textos datilografados em que discutia diversos aspectos da programação de computadores. Hoje esses textos estão disponíveis gratuitamente *on-line*.

Entre suas contribuições mais importantes está o **"algoritmo de Dijkstra"** sobre o "problema do caminho mínimo". Atualmente, o prêmio Dijkstra é concedido a artigos de relevância no campo da computação distribuída.

Figura 7.8 Edsger W. Dijkstra. Fonte: Hamilton Richards | Wikimedia.org.

7.4 COELHOS DE FIBONACCI

Um problema clássico resolvido recursivamente é o de calcular a série de Fibonacci.

A série surgiu de uma questão de criação de coelhos: em 12 meses, quantos pares de coelhos haverá em uma criação se admitirmos as seguintes regras simplificadoras:

Recursão

1. Começamos com um casal de coelhos.
2. Cada casal demora um mês para amadurecer sexualmente.
3. Depois de um mês, a partir do amadurecimento, um casal gera um novo casal de coelhinhos.
4. Pelo menos durante o experimento, os coelhos não morrem.

Usando essas regras:

1. Ao final do primeiro mês temos um único par de coelhos.
2. Ao final do segundo mês, nasce mais um casal. Temos agora 2 pares.
3. Ao final do mês 3, nasce mais um par do casal original. O casal que nasceu no mês 2 amadurece e temos 3 casais.
4. Ao final do mês 4, nascem mais 2 casais: um do par original e outro do casal que nasceu no mês 2. Temos 5 casais.
5. E o processo continua...

Assim, o número total de pares é sempre a soma dos pares existentes nos dois últimos meses.

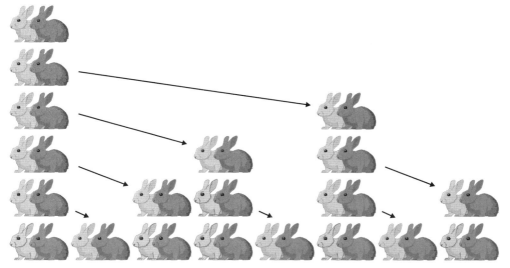

Figura 7.9 Coelhos de Fibonacci. A cada mês o número de pares de coelhos é igual à soma dos dois últimos meses.

A partir deste problema, Fibonacci, no século XIII, definiu a sequência que depois levou seu nome: Se n = 0, então o número de Fibonacci é igual a 0. Se n é igual a 1, o número de Fibonacci é igual a 1; senão, ele é igual à soma dos dois números anteriores. Na realidade, a série original de Fibonacci começa com 1, pois na sua época o zero nem era considerado um algarismo, mas usar o zero como início da série facilita nosso propósito. Matematicamente:

Capítulo 7

$$f(x) = \begin{cases} 0, & \text{se } n \text{ é } 0 \\ 1, & \text{se } n \text{ é } 1 \\ f(n-1) + f(n-2), & \text{se } n \text{ é maior que } 1 \end{cases}$$

Então, a série é a sequência: 0 1 1 2 3 5 8 13.

O mais fácil desta série é que sua própria definição já é recursiva. A simplicidade de Python permite que uma função que forneça o n-ésimo termo da série seja praticamente uma tradução direta da definição:

```
def fib(n):
    """Calcula n-ésimo termo da série de Fibonacci."""
    if n == 0:
        return 0
    elif n == 1:
        return 1
    else:
        return fib(n-1) + fib(n-2)

print(fib(9))
```

■ **Programa 7.2: Cálculo do n-ésimo termo da série de Fibonacci.**

O Programa 7.2 foi escrito para ser a tradução exata da definição, mas podemos fazer um pouco melhor, percebendo que poderíamos colocar uma condição composta no teste inicial e retornando n:

```
if n == 0 or n == 1:
    return n
```

que pode ser simplificado ainda mais em:

```
def fib(n):
    """Calcula n-ésimo termo da série de Fibonacci."""
    if n < 2:
        return n
    return fib(n-1) + fib(n-2)

print(fib(8))
```

■ **Programa 7.3: Cálculo do n-ésimo termo da série de Fibonacci (Nova versão).**

Nessa última versão, além de testar se o número é menor que 2, em vez de fazer dois testes, também foi simplificado o `else`, que não é necessário, pois a execução somente chega a esse ponto se o teste do `if` não for executado. De toda maneira, qualquer das opções não fará muita diferença em termos de desempenho. Você escolhe se quer usar a definição diretamente, ou fazer menos testes.

O Programa 7.4 acrescenta impressões da evolução do programa para você acompanhar o que está acontecendo.

Recursão

```python
def fib(n):
    """Calcula n-ésimo termo da série de Fibonacci."""
    print('Função chamada com',n);
    if n < 2:
        print('Retornando',n)
        return n
    resul = fib(n-1) + fib(n-2)
    print('Retornando soma',resul);
    return resul

print('fib(4) :',fib(4))
```

- **Programa 7.4: Cálculo do n-ésimo termo da série de Fibonacci com impressão dos passos.**

O resultado é:

```
Função chamada com 4
Função chamada com 3
Função chamada com 2
Função chamada com 1
Retornando 1
Função chamada com 0
Retornando 0
Retornando soma 1
Função chamada com 1
Retornando 1
Retornando soma 2
Função chamada com 2
Função chamada com 1
Retornando 1
Função chamada com 0
Retornando 0
Retornando soma 1
Retornando soma 3
3
```

Repare que há 9 chamadas à função. Deve haver, consequentemente, 9 retornos. Cada chamada salva seu estado na pilha e cada retorno tira o estado da função da pilha.

EXERCÍCIO 7.4

Escreva uma função que calcule o fatorial de um número. O fatorial pode ser definido como:

$$fat(n) = \begin{cases} 1, & \text{se } n \text{ é } 0 \\ n \times fat(n-1), & \text{se } n \text{ é maior que } 0 \end{cases}$$

7.5 EFICIÊNCIA DA RECURSÃO

A recursão é um ótimo método para resolver certos problemas, mas acaba consumindo muita memória da pilha, e a sequência de chamadas pode ter um *custo*

Capítulo 7

computacional muito alto. Quando falo de *"custo"* não estou falando de dinheiro, mas de tempo de processamento e de memória utilizada.

Apesar de ser uma solução elegante, a nossa versão do programa que calcula a série de Fibonacci pode ser bem ineficiente, mesmo para cálculos de números da série relativamente pequenos. Veja o programa seguinte:

```
def fib(n):
    """Calcula n-ésimo termo da série de Fibonacci."""
    if n == 0 or n == 1:
        return n
    else:
        return fib(n-1) + fib(n-2)
for i in range(100):
    print('fib(',i,'):',fib(i))
```

■ **Programa 7.5: Teste do cálculo do n-ésimo termo da série de Fibonacci.**

O Programa 7.5 simplesmente tem um laço e calcula cada termo da série até o centésimo. Execute o programa e veja o resultado.

A resposta do programa estará correta, mas a partir de qual número o programa começa a ficar muito lento?

Se você analisar o programa, vai perceber que podem ser feitas muitas chamadas recursivas. Essas chamadas se multiplicam gerando um retardo na execução do cálculo. Muitos cálculos são efetuados diversas vezes. No caso do cálculo do quarto termo da série, que vimos neste capítulo, foi calculado três vezes o fatorial de 1. Quando o número da série que é desejado aumenta muito, inúmeros cálculos são efetuados diversas vezes, levando a uma degradação do desempenho.

Você imagina como podemos evitar chamar uma segunda vez um cálculo que já foi efetuado? Uma forma de evitar isto é guardando valores já calculados.

A ideia é a seguinte: se o valor já tiver sido calculado, a função não fará a chamada recursiva, irá retornar o valor já armazenado em uma tabela.

Agora vem a questão de como guardar esses valores calculados. Não use a primeira estrutura que lhe vem à cabeça. Justifique suas escolhas.

Podemos guardar os valores em um dicionário. Desse modo, os índices serão a ordem do número cujo termo da série pretendo calcular, e o conteúdo é seu valor. Veja o Programa 7.6.

```
fibonacci = {0:0, 1:1}
def fib(n):
    """Calcula n-ésimo termo da série de Fibonacci."""
    if n not in fibonacci:
        fibonacci[n] = fib(n-2) + fib(n-1)
    return fibonacci[n]
for i in range(100):
    print('fib' + str(i) + '):'+ str(fib(i)))
```

■ **Programa 7.6: Série de Fibonacci armazenando resultados intermediários.**

Recursão

Execute o programa e observe se ficou mais rápido. Muito mais rápido, não? Esta técnica evita o cálculo duplicado dos valores. Com isso o cálculo fica bem rápido. O programa continua sendo recursivo, porém com a ajuda de uma estrutura de dados.

EXERCÍCIO 7.5

Reescreva o Programa 7.6 mas usando uma lista no lugar de um dicionário para armazenar valores intermediários.

EXERCÍCIO 7.6

Escreva uma função recursiva que some os n primeiros números.

7.6 OBSERVAÇÕES FINAIS

A recursão é um poderoso mecanismo de programação, mas também é um dos temas que mais assusta os estudantes. Releia este capítulo com calma, procure imaginar o que está acontecendo dentro do computador e dos processos executados. Imagine a pilha preenchida por dados a serem processados no seu devido tempo por cada instância do programa recursivo. Compreender o mecanismo da recursão lhe abrirá um grande leque de soluções para problemas complexos. Sabe-se que, para programadores iniciantes, é difícil entender a recursão, mas uma vez compreendida, você vai conseguir identificar facilmente quais tipos de problemas podem ser resolvidos pela recursão e quais não podem. A recursão permite um código mais enxuto e, por que não dizer, muito mais elegante.

8

Ordenando Coisas

"*Sem critérios e projeto, a programação é a arte de adicionar erros a um arquivo de texto vazio.*" Louis Srygley

A ordenação de elementos é uma das tarefas mais úteis realizadas por computadores. De nada adianta ter um dicionário se as palavras estão desordenadas. A busca seria muito extensa. Comumente queremos ter os elementos ordenados em ordem crescente, mas a ordenação em ordem decrescente segue a mesma lógica, basta inverter o resultado da comparação entre elementos.

Python possui um mecanismo para ordenar listas já embutido na própria linguagem, o comando `sort()` (Seção 5.7). Mas quero mostrar como isso pode ser feito sem usar esse recurso de Python. Mas, por que ensinar algo que Python já faz com um só comando? O estudo de ordenação permite o aprendizado de técnicas de programação, saindo do estudo puro e simples de sintaxe. Além do mais, questões sobre desempenho de algoritmos podem ser facilmente levantadas diante do código de ordenação.

Também é útil que você entenda como ordenar seus dados sem depender da linguagem, pois nem todas as linguagens de programação vão fornecer um mecanismo tão direto quanto Python. Apesar de Python ter esse mecanismo, você terá a vantagem de entender como isso pode ser feito internamente e quando se deparar com uma linguagem sem esse mecanismo embutido, poderá programar seu próprio método de ordenação.

8.1 ORDENANDO UMA LISTA

Um algoritmo muito simples de ordenação é o chamado "**método da bolha**", muitas vezes chamado de *bubblesort*, da palavra em inglês. Este algoritmo é muito ineficiente e mostrarei como ordenar de maneira mais rápida no futuro. O algoritmo é simples e vai preparar você para outros algoritmos melhores. Aliás, em uma situação muito

204

particular, esse algoritmo é o mais rápido que podemos escrever, mas vou deixar como curiosidade para o final da seção.

Vamos começar com uma prosa. A ideia básica do *ordenamento por borbulhamento* consiste em comparar cada par de elementos consecutivos de uma lista de elementos e, sempre que descobrir que estão fora de ordem, trocá-los de posição, colocando o maior elemento após o menor. Da primeira vez que fazemos isso, a lista pode ainda não estar ordenada, mesmo tendo sido percorrida completamente, mas temos certeza de que o maior elemento estará na última posição da lista. Os itens "mais leves se movimentam para o início apenas uma posição por vez, mas o mais "*pesado*" vai direto para o fim.

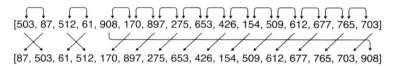

Figura 8.1 Primeiro passo do algoritmo de ordenação por bolha.

Percorremos a lista uma segunda vez, comparando sempre os elementos consecutivos. Agora o segundo maior elemento estará na penúltima posição. Quantas vezes temos de repetir este processo para garantir que todos os elementos estejam na sua posição correta e que a lista está ordenada? Pense um pouco. A resposta não é difícil.

Começamos a formalizar nosso algoritmo, ainda como uma prosa:

> *Para ordenar uma lista de n elementos em ordem crescente, comparamos o primeiro elemento com o segundo. Se o primeiro for maior que o segundo, nós os trocamos de posição dentro da lista. Agora comparamos o segundo elemento com o terceiro, e novamente os trocamos de posição se descobrirmos que se encontram em ordem errada. Fazemos isso com cada par de elementos consecutivos, até compararmos o penúltimo com o último. Se executarmos este algoritmo n-1 vezes, nossa lista terá seus elementos ordenados em ordem crescente.*

Por que n-1 vezes? Você já deve ter percebido, mas sempre é bom reforçar. Imagine que você tenha 10 elementos para ordenar. Se a cada passagem pela lista um elemento ficar obrigatoriamente na posição correta, em 9 passagens, você terá certeza de que 9 elementos estão ordenados, portanto o décimo também estará.

Outra forma de pensar é que se os elementos "leves" se deslocam apenas um lugar por vez, se o menor elemento estiver no final da lista, irá levar 9 passagens para chegar à sua posição correta. Chamamos essa situação de "pior caso" do algoritmo: a condição na qual o algoritmo tomará mais tempo para ser executado.

No algoritmo em questão, não existe na realidade nem melhor nem pior caso, pois foi fixado o número de vezes em que é executado, mas isso pode ser melhorado no futuro.

Agora vamos passar esta prosa para um algoritmo, seguindo algumas formalidades. Começamos com uma ideia bem genérica da solução:

Capítulo 8

```
Seja uma lista com n elementos
Repita n-1 vezes
Percorrer a lista trocando elementos consecutivos
   que estejam fora de ordem
```

Agora você deve pensar em como percorrer uma lista, comparando os elementos. A forma mais simples é usar uma variável auxiliar, `i`, para ser um índice dos elementos da lista. Esse índice deve variar entre o primeiro e o penúltimo elemento. Como os índices começam em zero, o penúltimo elemento será o de índice `n-2`. O trecho fica assim:

```
Para i variando entre 0 e n-2:
   Se lista[i]   > lista{i+1}
      troque elementos de posição.
```

Nosso algoritmo fica:

```
Seja uma lista com n elementos
Repita n-1 vezes
   Para i variando entre 0 e n-2:
      Se lista[i] > lista[i+1]:
         troque elementos de posição.
```

Temos agora um algoritmo suficientemente detalhado para podermos converter em um programa. Sempre é bom começar com um algoritmo. Perceba os passos que segui. Comecei com uma ideia vaga, passei para uma prosa mais detalhada, em seguida escrevi um algoritmo ainda deixando partes vagas e fui refinando seus passos até chegar a algo que está bem próximo de uma linguagem de programação.

Agora vamos ver como podemos traduzir este algoritmo em programa.

Primeiro, quero que este seja um programa genérico, que aceite qualquer lista para ordenar. Dessa forma é lógico implementá-lo como uma função e a lista será passada como um argumento.

O valor de `n` poderia ser também passado como argumento da função, mas é mais interessante deixar o programa calcular para você este valor. Por isso, quando você quiser usar uma lista com diferentes elementos, não precisará saber de antemão quantos elementos a lista possui.

Para repetir um mesmo comando `n-1` vezes, Python fornece o comando `for`. Temos apenas de gerar uma lista de `n-1` elementos. Isso pode ser feito com o comando `range(n-1)`. Lembre-se de que este comando vai gerar a lista `[0,1,2,...,n-2]` que possui `n-1` elementos. Os valores não importam muito, desde que o comando tenha `n-1` elementos.

O laço mais interno, que varia entre 0 e `n-2` pode ser gerado da mesma maneira. Apenas vou usar uma variável `j` no lugar de `i`, pois já usei `i` para o laço mais externo. Note que o mesmo comando range serve para os dois laços.

Finalmente, não especificamos como deve ser o passo "*troque elementos*". Vamos traduzi-lo.

Ordenando Coisas

A maneira clássica de fazer essa troca é usando uma variável temporária para guardar valor de um elemento e depois copiar os valores, assim:

```
temp = a
a = b
b = temp
```

Isso é necessário para guardar o valor da primeira variável antes de sobrescrevê-la, porém Python pode fazer isso de forma mais direta:

```
a, b = b, a
```

Python avalia as expressões da direita antes de fazer a atribuição às variáveis da esquerda, deste modo, pode-se fazer a troca do valor das variáveis sem que seja necessária uma variável temporária. Mas, lembre-se, isto é uma característica de Python; outras linguagens de programação não têm esse mecanismo e você deve usar a variável auxiliar.

Para definir a lista de números a ser ordenada, basta simplesmente escrever no programa principal:

```
lista_desordenada = [
    503, 87, 512, 61, 908, 170, 897, 275, 653, 426, 154,
    509, 612, 677, 765, 703
]
```

■ **Programa 8.1: Uma lista com n elementos fora de ordem.**

No Programa 8.1, usei os mesmos números de *Donald Knuth*, no seu famoso livro sobre a arte da programação de computadores [**Knuth98a**].

Juntando todos estes trechos de acordo com o algoritmo original, temos o Programa 8.2.

```
def bubblesort(lista):
  """Ordena uma lista"""
  n = len(lista)
  print(lista)
  for i in range(n - 1):
    for j in range(n - 1):
      if lista[j] > lista[j + 1]:
        lista[j],lista[j + 1] = lista[j + 1],lista[j]
      print(lista)
lista_desordenada = [
    503, 87, 512, 61, 908, 170, 897, 275, 653, 426, 154,
    509, 612, 677, 765, 703
]
bubblesort(lista_desordenada)
```

■ **Programa 8.2: Programa de ordenação pelo método da bolha.**

No programa, a lista é impressa a cada vez que é percorrida. Isso foi intencional para que você possa acompanhar a evolução da ordenação enquanto os passos são

Capítulo 8

executados. Note que o maior elemento, aquele *"mais pesado"*, vai lentamente sendo colocado no final da lista, *borbulhando*, daí o nome do algoritmo. A Figura 8.2 ilustra a execução deste programa. Cada coluna representa uma execução completa do laço.

703	908	908	908	908	908	908	908	908	908	908	908	908	908	908	908
765	703	897	897	897	897	897	897	897	897	897	897	897	897	897	897
677	765	703	765	765	765	765	765	765	765	765	765	765	765	765	765
612	677	765	703	703	703	703	703	703	703	703	703	703	703	703	703
509	612	677	677	677	677	677	677	677	677	677	677	677	677	677	677
154	509	612	653	653	653	653	653	653	653	653	653	653	653	653	653
426	154	509	612	612	612	612	612	612	612	612	612	612	612	612	612
653	426	154	509	512	512	512	512	512	512	512	512	512	512	512	512
275	653	426	154	509	509	509	509	509	509	509	509	509	509	509	509
897	275	653	426	154	503	503	503	503	503	503	503	503	503	503	503
170	897	275	512	426	154	426	426	426	426	426	426	426	426	426	426
908	170	512	275	503	426	154	275	275	275	275	275	275	275	275	275
61	512	170	503	275	275	275	154	170	170	170	170	170	170	170	170
512	61	503	170	170	170	170	170	154	154	154	154	154	154	154	154
87	503	61	87	87	87	87	87	87	87	87	87	87	87	87	87
503	87	87	61	61	61	61	61	61	61	61	61	61	61	61	61

Figura 8.2 Ordenação pelo método da bolha.

O objetivo de ordenar uma lista foi alcançado, mas esta solução está longe de ser eficiente. Se você analisou a resposta, deve ter percebido que muitas melhorias poderiam ser feitas. Quais seriam? Perceba que a partir de determinado ponto, nenhum elemento muda mais de posição. Nossa lista já está ordenada, mas o programa continua executando. A causa para isso é que o programa executa o laço n−1 vezes, independentemente de a lista estar ou não ordenada. Imagine que nossa lista estivesse ordenada desde o início. Mesmo assim o programa executaria n−1 vezes. Obviamente, temos de melhorar isso.

8.1.1 SENTINELA

Como você pode saber se uma lista está ordenada? No algoritmo do ordenamento por borbulhamento é feita a comparação de elementos consecutivos de uma lista. Se em uma passagem não houver nenhuma troca, é porque a lista está ordenada e nada mais há para fazer, e pode-se dar o trabalho por concluído.

Uma forma simples de detectar se a lista está ordenada é usar uma variável que controla se houve ou não uma mudança em determinada condição. Desse modo, em nosso exemplo de ordenação de lista, começamos acreditando que a lista está fora de ordem. Sabemos que a lista estará ordenada e poderemos parar, quando for feita uma passagem completa por todos os seus elementos sem que haja nenhuma troca, ou seja, em nenhum momento, durante essa passagem, o comando "if lista[j] > lista[j+1]:" teve como resultado verdade.

Ordenando Coisas

No nosso exemplo, vamos usar uma sentinela chamada `fora_de_ordem`. Inicialmente seu valor é verdadeiro (`True`), indicando que a lista está fora de ordem. Enquanto seu valor for verdadeiro, vamos continuar a varrer a lista, procurando elementos consecutivos fora de ordem. Para tanto, usaremos um artifício: logo antes de entrar no laço que faz essa varredura; faremos a sentinela ser falsa; mas, se alguma troca de elementos for realizada, o laço volta a ser verdade, indicando que a lista ainda não está ordenada. Quando o programa terminar o laço, se nenhuma troca foi feita, a sentinela continua com valor falso e o laço principal não executa outra vez, terminando o algoritmo; porém, se tiver havido alguma troca, o laço principal executa mais uma varredura.

A versão do algoritmo com sentinela seria:

```
Seja uma lista com n elementos
fora_de_ordem = verdade
Enquanto fora_de_ordem:
   fora_de_ordem = falso
   Para i variando entre 0 e n-2:
     Se lista[i] > lista{i+1}
         troque elementos de posição.
         fora_de_ordem = verdade
```

O comando

```
Enquanto fora_de_ordem:
```

poderia ser escrito como

```
Enquanto fora_de_ordem == verdade:
```

mas isso seria redundante: o comando "Enquanto" executa um laço enquanto uma condição for verdadeira, portanto, testar esta condição explicitamente é desnecessário. Além do mais, "Enquanto fora_de_ordem:" fica bem mais elegante e próximo ao português do que a versão explícita. O programa 8.3 traduz este algoritmo para Python.

```python
def bubblesort(lista):
    """Ordena uma lista pelo método da bolha"""
    n = len(lista)
    fora_de_ordem = True
    while fora_de_ordem:
        fora_de_ordem = False
        for j in range(n - 1):
            if lista[j] > lista[j + 1]:
                lista[j],lista[j + 1] = lista[j + 1],lista[j]
                fora_de_ordem = True
        print(lista)
lista_desordenada = [
    503, 87, 512, 61, 908, 170, 897, 275, 653, 426, 154,
    509, 612, 677, 765, 703
]
bubblesort(lista_desordenada)
```

■ **Programa 8.3: programa de ordenação pelo método da bolha com sentinela.**

Capítulo 8

Em relação à versão sem a sentinela, o novo programa economizou uma execução do laço. Pode parecer pouco, mas imagine que nossa lista já estivesse ordenada desde o início. O primeiro programa executaria o mesmo número de vezes, dependente apenas do tamanho da lista, enquanto a nova versão executaria o laço apenas uma vez e, ao terminar a primeira execução do laço, detectaria que a lista já estava ordenada e terminaria o programa.

Isso nos leva a uma conclusão interessante: apesar de ser considerado um dos piores algoritmos de ordenação, o algoritmo da bolha pode ser o mais eficiente no caso particular em que a lista a ser ordenada já está ordenada! Não é muito útil, mas é um fato. Esse algoritmo detecta mais rapidamente que outros algoritmos essa condição, porém será extremamente ineficiente se o menor elemento estiver na última posição da lista. Neste caso, a cada passagem, este elemento "desce" apenas uma posição, e o programa vai precisar executar $n-1$ vezes para terminar de ordenar todos os elementos, e no caso de se usar sentinela, ainda executará uma última vez para confirmar se a lista está ordenada.

EXERCÍCIO 8.1

→ Python pode comparar *strings* diretamente com os operadores de comparação usuais. Use o algoritmo da ordenação por borbulhamento para ordenar uma lista de nomes. Para tanto, basta substituir a lista de números original por uma com nomes, por exemplo:

```
lista = ['Cleese', 'Palin', 'Jones', 'Idle', 'Gilliam', 'Cha-
pman']
```

(como curiosidade, estes são os nomes dos atores do grupo Monty Python, inspiração para o nome da linguagem Python)

Coloque mais palavras, e veja a diferença entre letras maiúsculas e minúsculas. Qual palavra vem antes, 'Cleese', com c maiúsculo, e 'cleese'.

EXERCÍCIO 8.2

→ Uma melhoria pode ser feita no algoritmo da bolha com sentinela: note que a cada passagem pela lista, a última troca de elementos deixa um elemento na sua posição correta. Após esta posição, os elementos têm de estar ordenados e nos próximos passos não é necessário ir além desta posição. Escreva um programa que guarde esta posição e que a utilize como sentinela. O algoritmo a ser implementado em Python é o seguinte:

```
Seja uma lista com n elementos
limite  = tamanho da lista - 1
ultimo = limite
Enquanto limite != 0:
   limite = 0
   Para i variando entre 0 e ultimo - 1:
      Se lista[i] > lista{i+1}
          troque elementos de posição.
          limite = i
   ultimo = limite
```

Ordenando Coisas

> Este algoritmo usa a variável `limite` para indicar qual elemento não sabemos ainda estar na sua posição final. Inicialmente a variável indica que não sabemos nada sobre a lista. A variável `ultimo` indica o índice no qual foi realizada a última troca entre posições de elementos. É fácil perceber que `limite` funciona como uma sentinela. Se nenhuma troca for realizada, `limite` permanece em zero e o algoritmo termina. A diferença aqui é que o laço interno pode ser executado menos vezes, agilizando a ordenação.

8.2 ORDENAÇÃO POR INSERÇÃO

Existem outros algoritmos de ordenação mais eficientes que o algoritmo da bolha. Um dos mais simples é o de ordenação por inserção.

Figura 8.3 Ordenamento por inserção. Fonte: gvictoria | iStockphoto.com.

Imagine que você quer ordenar um baralho de cartas. Você pega as duas primeiras cartas e as coloca em ordem. Agora você vai pegar a terceira carta. As duas primeiras já estão ordenadas, então você só tem que encontrar a posição correta desta nova carta dentro do conjunto ordenado de cartas em sua mão. Para isso, começando pela última carta ordenada, você compara sucessivamente cada nova carta com a carta que tem nas mãos até achar uma que seja menor. Neste ponto você insere a carta em seu lugar correto. Esse processo, de pegar a próxima carta e compará-la com as cartas de sua mão, repete-se até que a posição correta de cada uma das cartas seja encontrada.

Passando isso para nosso exemplo numérico, temos a Figura 8.4.

Começando a desenvolver o algoritmo:

Para ordenar uma lista de n elementos em ordem crescente, comparamos o segundo elemento com o primeiro, e, se estiverem fora de ordem, trocamos de posição. Depois inserimos o terceiro elemento dentro do conjunto ordenado até o segundo elemento. Passamos para o quarto elemento e o inserimos no conjunto já ordenado. Fazemos isso com cada elemento até chegarmos ao último, quando todos estarão ordenados.

Capítulo 8

503	87	512	61	908	170	897	275	653	426	154	509	612	677	765	703
87	503	512	61	908	170	897	275	653	426	154	509	612	677	765	703
87	503	512	61	908	170	897	275	653	426	154	509	612	677	765	703
61	87	503	512	908	170	897	275	653	426	154	509	612	677	765	703

Figura 8.4 Três passos do algoritmo de ordenamento por inserção.

O restante do desenvolvimento ficará como exercício.

O programa seguinte é o produto final deste algoritmo. Imprime a lista a cada passo para facilitar o acompanhamento da ordenação.

■ **Programa 8.4: Programa de ordenação pelo método de Inserção.**

```python
def insert_sort(lista):
    """Ordena uma lista pelo método da inserção"""
    for j in range(1, len(lista)):
        i = j - 1
        elemento = lista[j]
        while i >= 0 and lista[i] > elemento:
            lista[i + 1] = lista[i]
            i -= 1
        lista[i + 1] = elemento
        print(lista)
l = [
    503, 87, 512, 61, 908, 170, 897, 275, 653, 426, 154,
    509, 612, 677, 765, 703
]
insert_sort(l)
```

Perceba que, no caso desta ordenação, é o elemento mais "leve" que vai vagarosamente para seu lugar.

EXERCÍCIO 8.3

→ A partir da definição do algoritmo de ordenação, siga os mesmos passos de desenvolvimento do algoritmo da bolha para chegar à sua própria versão do algoritmo de ordenação por inserção.

EXERCÍCIO 8.4

→ Um algoritmo recursivo para o ordenamento por inserção seria:

```
1 - Se lista tem tamanho igual ou menor que 1 retorne
2 - Recursivamente ordene os primeiros n-1 elementos
3 - Insira o último elemento na parte já ordenada
```

Você poderia escrever a função desse algoritmo? Perceba que a inserção ainda deve ser feita com um laço. Este algoritmo não ganha em ser implementado recursivamente. O desempenho das duas versões é equivalente.

Ordenando Coisas

EXERCÍCIO 8.5

Escreva uma função que intercale duas listas. O programa deve receber duas listas já ordenadas e criar uma terceira lista que é o resultado da intercalação dos elementos dos dois conjuntos de modo que a nova lista também esteja ordenada.

EXERCÍCIO 8.6

Um algoritmo bem eficiente de ordenação é o `mergesort`. Seu princípio é a divisão do conjunto a ser ordenado em duas partes, ordenar cada parte, e depois fazer uma fusão (*merge*, em inglês) entre os dois conjuntos ordenados. Cada vez que for ordenar uma metade, o algoritmo é chamado recursivamente, dividindo à metade cada parte que deveria ordenar. Quando a parte a ser ordenada contiver apenas 1 elemento, o algoritmo retorna. O algoritmo usa também uma função `merge`, que recebe as duas partes ordenadas e faz a intercalação entre as mesmas.

Escreva uma função **mergesort** que receba uma lista e ordene-a segundo esse algoritmo. Para a função de intercalação, use a que você criou no exercício anterior. O algoritmo é o seguinte:

```
merge_sort(a)
   se lista tem tamanho menor ou igual a 1 retorne a
   m = tamanho de a dividido por 2
   a0 = merge_sort(a[:m])
   a1 = merge_sort(a[m:])
   merge(ao,al,a)
```

No algoritmo, a0 é a primeira metade da lista; a1 é a segunda metade e a é a lista que guarda a intercalação das duas.

8.3 OBSERVAÇÕES FINAIS

Neste capítulo apenas abordei muito superficialmente o tema da ordenação. Quase sempre, ao tratar grandes volumes de dados, estes precisam ser ordenados ou de alguma forma indexados para podermos tratá-los adequadamente. O tema é vasto e existem diversos livros dedicados aos algoritmos utilizados para ordenar e suas vantagens e desvantagens. Espero que este capítulo possa estimulá-lo a buscar mais informação sobre a ordenação de dados. Visualizar os algoritmos com a ordenação de números é mais intuitivo, mas os algoritmos apresentados podem ser utilizados para ordenar qualquer tipo de informação.

Um Pouco de Estilo

Chegamos ao final do livro. Apresentei diversos mecanismos de programação e dei algumas dicas, quando era cabível. Todos esses mecanismos não servem de nada se você não pensar.

Imagine que você contrate um marceneiro que sabe usar muito bem a serra, o martelo, o esquadro, mas que não tem nenhuma ideia sobre a utilidade de móveis. O mesmo acontece se você sabe todos os detalhes de uma linguagem de programação mas não é capaz de desenvolver um raciocínio lógico para resolver problemas. Você tem as ferramentas, mas não o projeto.

Neste último capítulo reúno alguns pensamentos sobre programação e o que aprendi ao longo dos anos. Estamos sempre nos aperfeiçoando e todo dia é dia de aprender algo.

9.1 PENSE ANTES DE PROGRAMAR

"Primeiro resolva o problema, então escreva o código." John Johnson

Fonte: hazimsn | iStockphoto.com.

Pode parecer um conselho óbvio, mas programar é uma atividade intelectual. Portanto, pense antes de programar.

Quando for apresentado a um problema, não se sente em frente ao computador e saia escrevendo um programa. Não é assim que funciona o mundo real. Problemas simples podem ser resolvidos desta forma, mas na vida profissional estes problemas não aparecem sempre, pelo contrário, são raros.

A primeira coisa a fazer é ver se você realmente entendeu o problema. Tudo está claro? Algum aspecto do problema não está bem explicado? Escreva todos os requisitos do problema, reveja todos os detalhes.

Uma vez que você ache que entendeu o problema, tente explicá-lo para algum colega. Você consegue descrever bem o que precisa ser feito? Se não conseguir que seu amigo entenda, reveja se você mesmo ainda tem algumas dúvidas.

Após ter certeza de que entendeu o problema, reflita sobre ele. Já existe alguma solução sedimentada? Pesquise em fóruns da Internet, em blogs, listas de discussão. Alguém pode já ter uma ótima solução para seu problema. Não estou falando de código pronto, mas de um caminho, uma ideia, um algoritmo que todos considerem a melhor forma de resolver o problema. Você nunca saberá tudo, então, faça uma busca antes de se decidir por determinada solução.

Escreva uma solução algorítmica, pode ser com papel e lápis. Às vezes é mais fácil que no computador. No papel você pode rabiscar, fazer desenhos, esboçar um rascunho de solução.

Os novatos em programação têm o ímpeto de ver o código funcionando e por isso erram muito. Começar a programar sem um plano vai fazer você demorar muito mais para chegar ao resultado.

Uma técnica para resolver problemas é o *brainstorming*. A palavra significa tempestade de ideias, ou seja, pensar sem censura, sem medo de errar. Pense em todas as possíveis soluções para o problema. Não descarte nenhuma ideia. Escreva tudo. Na próxima fase você irá eliminar as ideias ruins, mas o momento de criação não pode ter censura.

Depois de ter todas as ideias apresentadas, comece a fazer a seleção. Só nesta fase você descarta ideias, mas precisa ter um critério. Não descarte algo sem pensar no porquê do descarte.

Quando tiver uma solução, pense na estrutura de dados que vai usar. Neste livro não nos aprofundamos em estruturas de dados. Isto é um curso à parte, mas é essencial entender bem este assunto. Uma estrutura de dados mal escolhida pode arruinar o melhor algoritmo.

Pense nos casos-limite. Seu algoritmo ainda funciona para os casos-limite? Casos-limite são situações marginais, ou seja, coisas que podem acontecer na entrada de dados, que em geral são raras, mas que se acontecerem podem fazer ruir sua solução.

Capítulo 9

Esse processo também não pode ser eterno. Não procure a solução ideal. Você não vai encontrar. Quando tiver uma solução razoável, avance para o passo seguinte. Existe um ditado que diz que "o ótimo é inimigo do bom". Na busca de uma solução ótima, você pode acabar sem solução nenhuma. Não adianta ficar planejando eternamente. A experiência vai lhe ensinar quanto tempo vale a pena investir em cada fase. No início vai ser difícil, mas um dia você vai ter essa percepção.

O processo de desenvolver software não é um rio que segue sempre em uma direção. Não tenha medo de voltar atrás se achar que pegou um caminho errado.

Por isso tudo, a dica mais importante é: sempre pense antes de programar e avance quando tiver uma solução razoável.

9.2 PREOCUPE-SE COM SEU LEITOR

"Sempre programe como se o cara que vai fazer a manutenção do seu código fosse um violento psicopata que sabe onde você mora." Martin Golding

Um programa bem escrito é muito mais fácil de ler do que um que seja desorganizado. Um programa será lido diversas vezes, por isso, esforce-se para escrever um código simples, um código que o seu futuro leitor não tenha dificuldade de entender.

O melhor critério para saber se um programa é bom ou não é sua legibilidade. Existe beleza na simplicidade. Um código confuso, mesmo que resolva bem um problema, provavelmente terá uma manutenção difícil. Alguém terá de reescrevê-lo. Tenha pena de seus futuros leitores. Reserve um tempo para pensar em como fazer seu código mais simples.

Procure desenvolver um estilo de programação. O que é um estilo? É a forma de escrever programas, nomear suas variáveis, indentar seu código. Se você trabalhar em uma empresa, procure saber quais são as diretrizes para escrita de programas.

Escolha nomes significativos para as entidades de seu programa. Mantenha coerência na escolha de nomes. Vai usar snake_case? Então use este tipo de nome por todo o seu programa. Se você mudar o estilo que nomeia suas variáveis, seu programa perderá coerência. Se você está trabalhando em um programa em equipe, crie um estilo para todos seguirem.

Existem programas que permitem formatar um código escrito em Python de acordo com regras uniformes. Use esses programas; assim você não precisa ficar sempre lembrando que regra está seguindo.

Regras simples de escrita melhoram e muito a legibilidade dos programas. Python possui alguns programas que ajudam você a escrever um código mais legível. O primeiro é o `pylint`. Este programa vasculha o seu programa e o analisa de acordo com as regras básicas da boa formatação. Nem sempre vale a pena seguir seus conselhos, mas na maior parte das vezes ajuda muito ao menos tentar entender o que o `pylint` está reclamando do seu código.

216

Um Pouco de Estilo

Para instalar esse programa em Python, você pode usar o comando `pip` ou `pip3`, dependendo de sua instalação. De agora em diante usarei apenas `pip3`, para simplificar. O comando para a instalação de qualquer programa dentro de Python é dado em um terminal:

```
pip3 install programa_a_ser_instalado
```

Para instalar o `pylint`, simplesmente digite em um terminal:

```
pip3 install pylint
```

Outro programa de checagem de formatação é o `pep8`, que segue as recomendações de Python para formato de código. A instalação é semelhante:

```
pip3 install pep8
```

A execução de pylint sobre o programa de ordenação por bolha fornece:

```
************* Module bubblesort
C:  1, 0: Missing module docstring (missing-docstring)
C:  1, 0: Constant name "lst" doesn't conform to UPPER_CASE naming
style (invalid-name)
C:  5, 0: Constant name "n" doesn't conform to UPPER_CASE naming
style (invalid-name)
------------------------------------------------------------------
Your code has been rated at 7.27/10 (previous run: 3.64/10, +3.64)
```

Neste caso, ele considera que uma variável global deveria ser uma constante e reclama porque não está escrita com letras maiúsculas e que faltou a docstring. Identifica também outros problemas de estilo. Se você quiser mudar as regras, pode modificar um arquivo de configuração.

Ainda temos programas que podem formatar seu código diretamente. Você pode instalar o `yapf` (Yet Another Python Formatter) com o comando (pode ser `pip` em vez de `pip3`, dependendo de sua instalação):

```
pip3 install yapf
```

Por exemplo, digamos que você receba um programa digitado por um programador relapso que não se preocupou em nenhum momento em formatar corretamente o código (Programa 9.1):

```python
x={ 'a':42,'b':2,'c':4242}
msg='Bom'+   'dia'
def  foo( var):
    for i   in   range(1,20,3):
        pass
def bar( var = 42):
    return 3*var/42
def f( a ):
    return 42*2
```

■ **Programa 9.1: Programa mal formatado.**

Capítulo 9

Este programa não faz nada de útil. Serve apenas para mostrar como o formatador pode melhorar seu aspecto. Depois de passar por `yafp`, com o comando:

```
yapf malformato.py
```

obtemos o Programa 9.2:

```
x = {'a': 42, 'b': 2, 'c': 4242}
msg = 'Bom' + 'dia'
def foo(var):
    for i in range(1, 20, 3):
        pass
def bar(var=42):
    return 3 * var / 42
def f(a):
    return 42 * 2
```

■ **Programa 9.2: Programa formatado.**

Se você quiser que a saída de `yapf` seja salva no mesmo arquivo, basta fazer

```
yapf -i malformato.py
```

Quando escrever, evite longas funções. Se uma função está ficando grande demais, pense na possibilidade de encurtá-la, criando novas funções que serão chamadas pela função principal. Tente manter o número de linhas de código de uma função abaixo do limite de linhas que você pode ver de uma só vez na tela do computador.

Outra boa coisa é nunca ultrapassar o limite de 80 caracteres por linha. Programas do tipo `pylin` já alertam sobre este detalhe. De qualquer maneira, é bom pensar sempre nesses aspectos do código para evitar ter de refazer depois.

9.3 SEJA SIMPLES

"A perfeição é alcançada não quando não se tem mais a acrescentar, mas quando não se tem mais nada a retirar." Antoine de Saint-Exupéry

Não use truques ou macetes sem documentar muito bem. Melhor ainda, não use truques ou macetes. Seu código tem que ser claro. Macetes em geral são códigos que aproveitam alguma falha do sistema para fazer algo. São difíceis de entender. Em geral, sua manutenção também é difícil, a despeito dos comentários que você possa escrever.

Tente olhar seu código com os olhos de outro programador. Não queira demonstrar inteligência e esperteza escrevendo um código difícil. Estará mostrando exatamente o contrário.

Muitas vezes, na tentativa de escrever um código mais eficiente, o programador sacrifica a clareza e a simplicidade. Não tente otimizar o programa desde o início. Seu principal objetivo deve ser escrever um código simples e direto.

Não adianta simplesmente comentar um programa ruim. Na verdade, se você sente necessidade de comentar muito seu código, talvez seja porque o código esteja obscuro, mal escrito. Tente minimizar comentários em troca de um código mais legível. Um bom código quase não precisa de comentários. Sobretudo, não comente o óbvio!

9.4 SEJA DESAPEGADO

"Qualquer programa que você escreveu, após seis meses ou mais sem olhar, pode muito bem parecer escrito por outra pessoa." Lei de Eagleson

Fonte: sam_ding | iStockphoto.com.

Dizem que Eagleson era muito otimista. O tempo médio para o estranhamento em relação ao seu código seria de apenas três semanas. De qualquer forma, não se apegue demais ao seu código mesmo que tenha seis meses ou apenas três semanas. Daqui a algum tempo nem você vai saber direito se foi você quem escreveu.

Acontece às vezes de você começar com uma ideia e se apegar, embora encontre cada vez mais problemas com o seu uso. A tendência é de nos apegar a uma solução depois de algum tempo.

O problema é que pode acontecer daquela solução não ser tão boa quanto pensávamos no início. Como despendemos algum tempo em seu desenvolvimento, relutamos em abandoná-la.

Seja desapegado. Se uma solução está dando muita dor de cabeça, pode ser que não seja a melhor possível. Nesse ponto, pare e pense se outra solução seria mais adequada.

Como você já pensou bastante no problema e viu os defeitos da solução em que estava trabalhando, será mais fácil pensar em novas possibilidades.

Pode ser também que sua solução seja boa, mas o código que você escreveu esteja ruim. E você fica tentando reescrevê-lo, fazendo gambiarras, tornando-o cada vez menos aproveitável. Código ruim se apaga! Recomece do zero, evitando os erros do código que você apagou.

Capítulo 9

9.5 TESTE SEU PROGRAMA

"Cuidado com os bugs do código anterior, eu apenas os demonstrei, não os experimentei." Donald Knuth

Fonte: Victor_85 | iStockphoto.com.

Antes de dar como finalizado seu trabalho de programação, teste seu programa. Pense nas condições-limite. Quais entradas de dados poderiam fazer seu programa falhar? Muitos programadores simplesmente testam o caso mais simples e se dão por satisfeitos. Isso está errado.

O ideal é que você permita que um programa faça os testes. A ideia aqui é que você deve criar diversos testes em software para seu código e fazer os testes automaticamente. Com isso você não corre o risco de esquecer algum aspecto na hora de testar.

Teste desde o início. Desde as primeiras versões de seu programa, acostume-se a fazer testes.

Seguindo essas recomendações você conseguirá escrever programas muito melhores. Não é garantia de escrever um programa livre de erros. Isto não existe. Todo software tem erros. Alguns simplesmente ainda não foram descobertos. Claro que estou falando de software de determinado tamanho. Quanto maior o programa, maior a chance de erros.

9.6 OBSERVAÇÕES FINAIS

"Um bom código é a sua melhor documentação. Quando você estiver ao ponto de escrever um comentário, pergunte a si mesmo: Como posso melhorar o código para que este comentário seja desnecessário?" Steve McConnell

Escrever bons programas não é tarefa fácil. Assim como bons livros exigem bons escritores, um programa é uma obra quase literária, que deve ser lida com prazer e entendimento.

Um Pouco de Estilo

A técnica de escrever bons programas vem com a experiência e, sobretudo, da constante busca de aprimoramento.

Python procura criar bons hábitos de programação. Todo o seu projeto foi baseado na filosofia de fazer coisas simples e diretas. Tim Peters, um dos pioneiros de Python, escreveu uma lista de aforismos que refletem a filosofia do desenvolvimento de Python. Você pode ler esta lista diretamente dentro do interpretador Python, em um terminal de comandos chamando primeiro:

```
python
```

e em seguida, dentro do interpretador Python, digite:

```
import this
```

Com esses comandos você obtém:

- Belo é melhor que feio.
- Explícito é melhor que implícito.
- Simples é melhor que complexo.
- Complexo é melhor que complicado.
- Plano é melhor que encaixado.
- Esparso é melhor que denso.
- Legibilidade conta.
- Casos especiais não são especiais o suficiente para violar as regras.
- Embora a praticidade vença a pureza.
- Erros não devem passar silenciosamente.
- A não ser que sejam explicitamente silenciados.
- Em caso de ambiguidade, resista à tentação de adivinhar.
- Deve haver um – e preferencialmente somente um – jeito óbvio de fazer.
- Embora tal jeito não seja tão óbvio à primeira vista, a não ser que você seja holandês.
- Agora é melhor que nunca.
- Embora nunca é frequentemente melhor que imediatamente.
- Se a implementação é difícil de explicar, a ideia é ruim.
- Se a implementação é fácil de explicar, talvez a ideia seja boa.
- Os espaços de nomes são uma ideia estupenda vamos multiplicá-los!

Antes de terminar, permito-me repetir algumas considerações de Frederick Brooks sobre o prazer de programar:

1. A alegria simples de fazer as coisas.

Capítulo 9

2. O prazer de fazer coisas que são úteis para outras pessoas.

3. O fascínio de criar objetos complexos, semelhantes a quebra-cabeças, de partes móveis interligadas.

4. A alegria de sempre aprender.

5. O prazer de trabalhar em um meio maleável.

Espero que este livro tenha sido para você um início desta busca de aperfeiçoamento da arte de escrever programas.

Instalação de Python

Este apêndice ensina como instalar Python no seu computador de modo que você possa usufruir de todos os seus recursos. Os detalhes da instalação podem variar dependendo do seu sistema operacional, Windows ou Linux, e também da versão do sistema utilizada.

Este livro usa a versão 3 de Python. A versão 2 continua disponível, mas deve ser descontinuada em 2020.

As instruções de instalação deste capítulo foram extraídas do *site* https://python.org.br/. Este *site* é uma boa referência em português para a linguagem Python.

A.1 INSTALAÇÃO NO WINDOWS

Antes de tudo é necessário estar conectado à internet.

A primeira coisa a fazer é baixar a versão de Python de https://www.python.org/downloads/. Este é o *site* oficial da linguagem, e você deve baixar a versão de acordo com o seu sistema. Prefira a versão mais atual, ou seja, da 3ª para cima.

Figura A.1 Passo 1: *Download* da versão mais recente de Python 3.

Apêndice

Normalmente, o próprio *site* detecta seu sistema operacional e também a versão. Depois de alguns minutos o arquivo deve ter sido baixado em sua pasta de *downloads*. Clique duas vezes no nome do arquivo para começar a instalar. Em geral, o Windows dá um aviso de segurança sobre instalação de software. Basta clicar em "Executar".

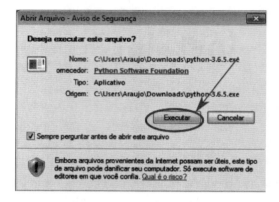

Figura A.2 Passo 2: Aviso de segurança.

A.2 INSTALAÇÃO NO LINUX/UBUNTU

Algumas versões do Linux já vêm com a versão 2 de Python instalada, mas nós desejamos a versão 3. Os passos são bem simples, pressupondo-se que o seu computador esteja conectado à internet.

Você pode ver se Python está instalado em seu computador digitando no terminal:

```
which python3
```

Se python3 estiver instalado, você não terá de fazer mais nada. Se não estiver, tente saber primeiro qual distribuição Linux você utiliza.

Se for uma variação de Debian, como o Ubuntu ou o Mint, você deve digitar:

```
sudo apt install python3
```

O sistema deve pedir sua senha de administrador e vai instalar python3 logo em seguida. Pronto! Você já pode usar Python no linux.

Como opção, mas fortemente recomendado: você pode instalar o gerenciador de pacotes pip, digitando no terminal:

```
sudo apt-get install python3-pip
```

Se sua distribuição Linux for RedHat ou CentOs, o comando seria:

```
sudo yum install python
```

Os comandos podem variar com o tempo, mas a base deve ser sempre algo próximo ao exposto aqui.

Bibliografia

LIVROS

[CL17] André C. P. L. F. de Carvalho e Ana Carolina Lorena. *Introdução à Computação: Hardware, Software e Dados*. Rio de Janeiro: LTC, 2017. 200 páginas. ISBN: 9788521631071.

[Ker88] Brian W. Kernighan e Dennis M. Ritchie. *The C Programming Language*. Prentice Hall Professional Technical Reference, 1988. ISBN: 0131103709.

[Knu98] Donald Ervin Knuth. *The art of computer programming, Sorting and Searching*, Volume III, 2nd Edition. Addison-Wesley, 1998. ISBN: 0201896850.

[TBP83] Jean-Paul Tremblay, Richard B. Bunt e Moacir de Souza Prado. *Ciência dos computadores*. Tit. Orig.: An introduction to Computer Science, An Algorithmic Approach. São Paulo: McGraw-Hill Cop., 1983.

ARTIGOS

[BSW61] R. W. Bemer, H. J. Smith Jr. e F. A. Williams Jr. "Design of an Improved Transmission/Data Processing Code". In: *Commun. ACM 4.5* (maio 1961), páginas 212–217. ISSN: 0001-0782. DOI: 10.1145/366532. 366538. URL: http://doi.acm.org/10.1145/366532.366538.

[Sha48] C. E. Shannon. "A mathematical theory of communication". In: *The Bell System Technical Journal 27.3* (jul. 1948), páginas 379–423. ISSN: 0005-8580. DOI: 10.1002/j.1538-7305.1948.tb01338.x.

[SM10] Bonita Sharif e Jonathan I. Maletic. "An Eye Tracking Study on camelCase and Under_Score Identifier Styles". In: *ICPC '10* (2010), páginas 196–205. DOI: 10.1109/ICPC.2010.41. URL: http://dx.doi. org/10.1109/ICPC.2010.41.

[Spi96] Jan van der Spiegel. "ENIAC-on-a-Chip". In: *PENNPrintout - The University of Pennsylvania's Online Computing Magazine* 12:4 (märz 1996). URL: http://www.upenn.edu/computing/printout/archive/v12/4/chip.html.

[Tur36] Alan M. Turing. "On Computable Numbers, with an Application to the Entscheidungsproblem". In: *Proceedings of the London Mathematical Society* 2.42 (1936), páginas 230–265. URL: http://www.cs.helsinki.fi/u/gionis/cc05/OnComputableNumbers.pdf.

Índice

A

Abstrações de dados, 71
Algarismos indo-arábicos, 1
Algol (ALGOrithmic Language), 49
Algoritmo de Dijkstra, 198
Aliás, ou apelido de `lista1`, 161
Alimentador de linha, 68
Ambiente de desenvolvimento integrado, 39
Aninhado, 163
append(x), 158
Aritmética do relógio, 4
Arquivos, 185

B

Base
    binária, 5
    decimal, 2
    sexagesimal, 2
BIOS, 30
Bit, 6
Bubblesort, 204
Busca binária, 74
Byte, 6
Bytecode, 34

C

Cadeia de caracteres, 69
Case sensitive, 54
Clonagem, 161
COBOL, 32
Codificação *Unicode*, 23
Código espaguete, 45, 78
Coelhos de Fibonacci, 198
Coleta de lixo, 55
Compilação, 33
Compilador, 33
    de *bytecode*, 39
Componentes
    de hardware, 24
    de software, 24
Constante(s), 50
    de Arquimedes π, 72
Cor, 71
count(x), 158

D

Dado(s), 49, 57
    numérico, 57
del, 158
Dígito, 2
    mais significativo, 2
    menos significativo, 2
Docstring, 117

E

Elemento(s)
    imutáveis, 140
    mutáveis, 140
Encaixado, 163
ENIAC, 27
Estrutura set, 175
Exa, 14
Exceções, 130
Expressão(ões), 50
    regulares, 191
extend(t), 158

F

factorial(x), 104
fatorial(), 102
Fim, 151
Fluxograma, 46
format(), 106
FORTRAN, 32

G

Giga, 13
Googol, 63
Googolplexo, 63

H

Hardware, 24, 25
Hexa, 10
Hexadecimal, 10

Índice

I

IDE (*Integrated Development Environment*), 39
Identificador, 49, 50
in, 158
Indentação, 83
Início, 151
input(), 101
insert(i,x), 158
int(), 101
Interpretador, 33
    interativo, 39
IOError, 130
Iteração, 82

J

Java, 33, 35
Javascript, 33

K

KeyboardInterrupt, 130
Kilo, 13

L

Ligador (*linker*), 33
Lista(s)
    mutável, 140
    por continência, 147
LowerCamelCase, 53
Lua, 32

M

Máquina analítica, 43
math, 103
math.cos(x), 104
math.fabs(x), 104
math.hypot(x), 104
math.pow(x,y), 104
math.sin(x), 104
math.sqrt(x), 104
max, 158
Mega, 13
Memória
    cache, 28
    principal, 29
    RAM, 30
    ROM, 29
Mergesort, 213
Método
    da bolha, 204
    de Monte Carlo, 115
min, 158

N

Nome, 49
None, 164, 168
Not a Number, 21
Notação
    camel case, 53
    científica, 57
    de ponto flutuante, 57
    posicional de base dez, 2
Números inteiros ou reais, 57
numpy, 172

O

Objeto(s), 54
    imutáveis, 179
Octal, 10
Ordenamento por borbulhamento, 205

P

Parâmetro, 108
Passagem
    por referência, 124
    por valor, 124, 125
Passo, 151
Peta, 14
PHP, 32
pop(), 158
Portugol, 49
print(), 101, 112
Processador, 28
Programa
    -fonte, 33
    -objeto, 33
Programação
    estruturada, 45, 77, 198
    modular, 77
    orientada a objetos, 157
Pseudoaleatório, 122
Pseudocódigo, 47, 49
Python, 33

R

range(), 101
Recursão, 192
Refinamentos sucessivos, 61
Registradores, 28
remove(x), 158
reverse(), 158

S

s.count(outra), 182
s.find(outra), 182

Índice

s.isalpha() / s.isdigit() / s.isspace(), 182
s.join(lista), 183
s.lower() / s.upper(), 182
s.replace(antiga, nova), 182
s.split(delimitador), 183
s.startswith(outra) / s.endswith(outra), 182
s.strip(), 182
Seleção, 80
Sensível ao caso, 54
Sentinela, 208
Sequência, 80, 102
    de Bernoulli, 43
    ordenada ... de passos, 41
Sistema de computação ou sistema
    computacional, 24
Snake case, 53
Software, 24, 25
sort(), 158
sorted(lista), 158
Strings, 69, 176, 177
Subalgoritmos, 99
Subpassos, 45

T

Tabela
    ASCII, 22
    -verdade, 88
Tera, 13
Texto, 188
Top-down, 79

Transbordamento (*overflow*), 18
Tuplas, 142, 169

U

Unidade
    central de processamento, 28
    de controle, 28
    lógica e aritmética (ULA), 28
Universo de busca, 73
Upper-CamelCase, 53
UTF (Formato de Transformação Unicode), 23
    -8, 24

V

Valores *true* (verdadeiro) ou *false* (falso), 57
ValueError, 129
Variáveis, 50
Vetor ou *array*, 136

Y

Yotta, 14

Z

ZeroDivisionError, 130
Zetta, 14

Impressão e Acabamento

(011) 4393-2911